Meisen ▶

Goldammer, Seite 40

Kohlmeise, Seite 42

Blaumeise, Seite 44

Tannenmeise, Seite 46

Sumpfrohrsänger, Seite 63

Fitis und Zilpzalp, Seite 64

Gartengrasmücke, Seite 67

Zaunkönig, Seite 68

Rabenvögel ▶

Star, Seite 84

Eicherhäher, Seite 86

Elster, Seite 88

Saatkrähe, Seite 92

Veronika Straaß · Claus-Peter Lieckfeld

Singvögel

Der etwas andere Naturführer

blv

Singvögel – Boten von Freiheit und Glück

Für uns Erdenwürmer war von jeher nichts verlockender als das Davonfliegen ...

Wenn Menschen die passenden Bilder oder Wortbilder für Freiheit und Glück suchten, bedienten sie sich meist in der Vogelwelt. Für uns Kreaturen, an denen die Erdenschwere haftet, ist nichts verlockender als das Davonfliegen. An keine Tiergruppe hat sich so viel Mythos, so viel Kult und Kultur, so viel Poesie angelagert wie an Vögel. Eulen als Träger der Weisheit, Adler als Flugbotschafter der Könige und Heerführer, Hähne als Symbole der Wachsamkeit und Spatzen als Künder von siegreicher Frechheit. Und noch das Wunderbarste, was sich das christliche Abendland vorzustellen versuchte, trug Flügel: Engelsflügel.
Aber auch wenn man die Sphäre der Dichtung verlässt, hört das Wunder nicht auf. Lange war es den Menschen einigermaßen rätselhaft, wie sich etwas, das schwerer ist als Luft, flügelschlagend oder segelnd vom Boden lösen kann. Allein die Flugstile und -fertigkeiten der Vögel gäben Stoff für meterweise Fachliteratur.
Vogelzug gehört schon seit ein paar Forschergenerationen zum Tummelplatz der begabtesten Wissenschaftler: Woher weiß die Dorngrasmücke ihren Weg? Angeboren, anerzogen oder beides? Und wenn beides, wie arbeitet die Erfahrung

... und nichts war heimeliger als die Vorstellung vom »gemachten sicheren Nest«.

mit dem angeborenen Programm zusammen? Auch Wissenschaftler tun sich schwer, da nicht von »Wunder« zu sprechen.
Vögel haben weltweit eine in Millionen zählende menschliche Fan-Gemeinde. Es gibt Enthusiasten, die ein Vermögen ausgeben, um möglichst viele der rund 10 000 heute weltweit existierenden Vogelarten in freier Wildbahn gesehen zu haben. Doch die Mehrzahl der Hobby-Ornithologen und Naturfreunde begnügt sich mit dem reichhaltigen europäischen Angebot: von Amsel bis Zilpzalp, vom winzigen Zaunkönig bis zur Großtrappe, dem größten (bzw. schwersten) natürlichen Flugobjekt Europas.
Sowohl die Artenauswahl als auch die Gliederung der Texte wurden deshalb so gewählt, dass den Ansprüchen des Laien Rechnung getragen wird. Fachausdrücke und stereotype Wissensvermittlung wurden vermieden. Wer einen ersten – nicht systematischen – Überblick über die Artenvielfalt gewinnen will, kann sich anhand der senkrecht gestellten Begriffe in der Randspalte orientieren.
Etwas Verlockung und Hilfestellung zum Wundern, zum Beschauen und Genießen will dieses Buch anbieten, das mehr Appetitmacher als Sättigungsbeilage sein will, mehr Vorschlag- als Nachschlagwerk. Also, herzliche Einladung: Schwingt euch auf! Weniges auf der Welt ist so spannend wie die Vogelwelt.

▲ Vögel haben von jeher zu den beliebtesten Haustieren gehört. (William Adolphe Bouguereau, 1867: »Geliebter Vogel«)

◀ Selbst ein Allerweltsvogel wie der Grünfink verkörpert noch diese Einheit aus Schönheit und Lebendigkeit, die wir an Vögeln so bewundern.

Ein Loblied für den Schöpfer? Nein, eine gesungene Kampfansage!

An ihren Liedern sollt ihr sie erkennen

Unsere frommen Ahnen glaubten noch, singende Vögel stimmten ein Loblied auf ihren Schöpfer an. Sie haben sich gründlich geirrt. Vogelgesang ist alles andere als Frohlocken. Was ein trällernder Vogelmann von sich gibt, ist im Grund nichts anderes als vertontes Kampfgeschrei: Er teilt allen männlichen Artgenossen mit, dass er dieses Revier beansprucht und bereit ist, es gegen jeden Eindringling mit Schnabel und Krallen zu verteidigen. Auf Weibchen dagegen hat die geräuschvolle Kraftmeierei die entgegengesetzte Wirkung: Wenn Vogeldamen ein singendes Männchen ihrer Art hören, wissen sie, dass dort ein Herr mit Grundbesitz wartet, der womöglich eine Partnerin sucht.

Ob Kampfgebrüll oder Flirtgeflüster, auf alle Fälle lassen sich Vögel an ihren Liedern ausgezeichnet unterscheiden. Die ersten »Vokabeln« lernt der Einstei-

Morgens und in der Abenddämmerung sind Amseln am häufigsten zu hören.

► Unmissverständliche Aufforderung der Buchfinkin ...

► ► ... und das anschließende Tête-à-tête.

ger am besten mit Hilfe von Vogelstimmen-CDs. Übrigens lassen sich mit diesen CDs, wenn man sie im Freien abspielt, Vogelmännchen ausgezeichnet anlocken und zum Singen provozieren.
Die beste Tageszeit, um auf Lauschposten zu gehen, sind die frühen Morgenstunden. Die meisten Vogelmännchen sind nämlich gegen Sonnenaufgang und dann wieder in der Abenddämmerung am mitteilsamsten.

Vögel wie Kohlmeise, Amsel, Buchfink oder Stieglitz, die hierzulande überwintert haben, beginnen schon an milden Februartagen zu singen. Die meisten Zugvögel trudeln erst im April bei uns ein und machen sich entsprechend verspätet daran, mit viel Stimme ihre Revieransprüche bekannt zu geben und um Weibchen zu werben. Der April ist denn auch der ergiebigste Monat, wenn es darum geht, eine möglichst große Vielfalt singender Vogelmännchen auszuspionieren.
Später, wenn die Jungen die ganze Energie der Vogeleltern fordern, sind die Männchen vorübergehend etwas schweigsamer. Ist die erste Brut flügge und die zweite noch nicht geschlüpft, lassen sie sich dann wieder häufiger hören. Im Spätsommer schließlich, wenn die kräftezehrende Mauser einsetzt, verstummen die Vogelmänner. Doch auch im Herbst und manchmal selbst im Winter sind ein paar Unentwegte wie Rotkehlchen, Grünfink, Hausrotschwanz, Kohlmeise und Zaunkönig noch zu hören.

Vorsicht, Doppelgänger!
Zugegeben, Vogelstimmen lernen ist aufwändig. Wozu dann die Mühe, wenn sich die Piepmätze doch genauso gut mit dem Fernglas aufspüren lassen? Weil genau das oft nicht möglich ist. Wer einen Vogel im Blattgewirr eines Baumes ausfindig machen will, muss außer viel Übung auch noch eine Portion Glück haben. Oft genug ist die Stimme eines Vogels das einzige Indiz dafür, wer sich da im Laubdach herumtreibt.
Manche Vögel schließlich lassen sich überhaupt nur an der Stimme sicher erkennen. Wenn beispielsweise ein Fitis den Schnabel hält, könnte ihn selbst ein erfahrener Ornithologe mit einem Zilpzalp verwechseln. Wenn ein Sumpfrohrsänger sich nicht zu Wort meldet, könnte man ihn leicht für einen Teichrohrsänger halten. Ein Gartenbaumläufer ist einem Waldbaumläufer zum Verwechseln ähnlich, wäre da nicht das unterschiedliche Gesangsrepertoire. Weidenmeise oder Sumpfmeise? Wenn der Vogel keinen Pieps von sich gibt, kapitulieren selbst Profis vor dieser Frage.

Teichrohrsänger sind von Sumpfrohrsängern (im Bild) fast nur an der Stimme zu unterscheiden.

Teichrohrsänger verankern an Schilfhalmen tiefe Nestnäpfe, aus denen die Jungen auch bei starkem Wind nicht so leicht herausfallen.

Die schnellen Brüter

Wozu legen Vögel überhaupt Eier? Aus flugtechnischen Gründen. Eine Amsel, die ihre 5 Jungen im Körper austragen würde wie zum Beispiel eine Katze, wäre wochenlang flugunfähig – und fluchtunfähig. Sie wäre ganz einfach ein Irrtum der Evolution. Nur ein Vogel, der Eier legen kann, bleibt mobil – allerdings um den Preis, dass die Aufzucht der Brut dann eine Menge Aufwand mit sich bringt.

Singvögel sind samt und sonders Nesthocker: Wenn ihre Jungen schlüpfen, sind sie nackt und blind, müssen gewärmt und gefüttert werden. Jedem Raubfeind wären sie hilflos ausgeliefert; doch die Vogeleltern sorgen mit einigem Erfolg dafür, dass der Standort ihres Nestes geheim bleibt. Ein Rotkehlchen etwa, das mit Baumaterial im Schnabel unterwegs zum Nest ist, wird auf keinen Fall zu seiner Baustelle hüpfen, wenn es sich beobachtet fühlt. Eine Singdrossel, deren Junge gerade geschlüpft sind, wird die verräterischen Schalenreste entweder verschlucken oder sie wegtragen und anderswo fallen lassen. Auch der Kot der Nestlinge, der Raubfeinde auf das Nest aufmerksam machen könnte, wird von den Eltern entweder verschluckt oder weggetragen.

Vogelnester zu finden, ist gar nicht leicht – und das soll auch so sein! Schon

Singdrosseln verputzen ihre Nester säuberlich mit einer Schicht aus Holzmulm und Erde.

mancher Naturfreund, der es sich nicht verkneifen konnte, aus nächster Nähe einen Blick in ein Nest zu werfen, hat damit die Vogeleltern für immer verscheucht. Und selbst wenn die Altvögel ungewöhnlich dickfellig sind und sich von menschlichen Besuchern nicht so leicht vergraulen lassen: Geknickte Halme, gebrochene Zweige in der Umgebung des Nestes können wertvolle Hinweise für Raubfeinde sein, wo es sich lohnt, nach Beute zu suchen.

Am besten ist es immer noch, Nester oder Nistkästen per Fernglas im Auge zu behalten. Es ist hochinteressant, sich einmal zu notieren, wie oft die Altvögel in einer einzigen Stunde mit Futter anfliegen müssen, oder zu beobachten, wie oft sie die »Windeln« ihrer Sprösslinge wegtragen (Vogeljunge geben praktischerweise ihren Kot in säuberlich umhäuteten Ballen von sich). Auch später, wenn die Jungen das Nest verlassen haben, kann menschliche Hilfe mehr schaden als nützen: Es ist völlig normal, dass junge Singvögel aus dem Nest hüpfen, noch bevor sie richtig fliegen können. Sie sind durchaus nicht »aus dem Nest gefallen«, sondern werden von ihren Eltern auch jetzt noch weitergefüttert.

▲ Schlüpfen ist harte Arbeit. Das nackte, blinde Buchfinkenjunge hat es geschafft.

▲ Kot könnte Feinde anlocken: Die Amselmutter nimmt das umhäutete Kotpaket am Hinterteil des Jungen in Empfang und wird es gleich beseitigen.

► Vogeljunge (hier eine Bachstelze) hüpfen oft aus dem Nest, bevor sie fliegen können. Die Eltern füttern einfach außer Haus weiter.

Die Schnäbel von Kernbeißern sehen nicht nur aus wie Spezialzangen, sie wirken auch so! Selbst Kirschkerne können sie knacken.

Schnabel auf!

Ein Blick auf den Schnabel genügt, und ein Fachmann kann so ungefähr sagen, wovon sich ein Vogel ernährt und wie er seine Nahrung sucht. Die Schnäbel von Mauerseglern und Schwalben sind breit wie ein Froschmaul – genau das Richtige, um im Flug alle möglichen durch die Luft treibenden Tiere einzukeschern, von der winzigen Spinne über die Mücke bis zur Eintagsfliege. Grasmücken und Rohrsänger haben ziemlich feine, spitze Schnäbel – das perfekte Werkzeug, um im Pinzettengriff Krabbeltiere von Blättern und Rinde abzulesen. Die Schnäbel von Fliegenschnäppern sind breit an der Basis und ziemlich kurz – ideal, um in blitzschnellen Jagdflügen einzelne Insekten zu erwischen. Buchfinken arbeiten mit kegelförmigen, spitz zulaufenden Schnäbeln – der Allroundtyp des Schnabels, mit dem sie ebenso gut Insekten aufsammeln wie Samen schälen können.

Wirklich hartschalige Samen allerdings lassen sich mit so einem Vielseitigkeitsgerät nicht öffnen. Dazu ist schon ein Schnabel wie der des Kernbeißers erforderlich, der ein wenig an eine Blechschere erinnert und auch eine ähnliche Wirkung hat. Kernbeißer bewältigen sogar Olivenkerne!

Sogar der Schnabel eines Allerweltsvogels wie der Amsel hat seine verborgenen Raffinessen: Der Oberschnabel greift an

Mit Allround-Schnäbeln wie dem der Goldammer lassen sich Insekten genauso gut auflesen wie Sämereien.

der Spitze ein wenig über den Unterschnabel und trägt außerdem an der Hornkante eine winzige Einkerbung: genau das Richtige zum Festhalten glitschiger Beutetiere, wie es Regenwürmer sind. Doch dieses wunderbare Werkzeug wäre nur halb so viel wert, wenn Amseln nicht so scharfe Beobachter wären. Wenn sie mit schief gehaltenem Kopf den Boden fixieren, bemerken sie selbst kleinste Bewegungen der Grashalme oder der Erdpartikel. In diesem Augenblick stoßen sie blitzschnell zu und nehmen den Regenwurm oder die Schnakenlarve in die (Schnabel-)Klemme.

▲ Ein Haussperling hat Ameisen auf Hochzeitsflug entdeckt und hält im Rüttelflug fette Ernte.

► ▲ Vertrautheit lohnt sich: Das Rotkehlchen muss dem Hobbygärtner nur auf den Fersen bleiben und die aufgescheuchten Krabbeltiere einsammeln.

Das schwarze Brett der Stare

Bekanntlich sind Stare außerhalb der Brutzeit ungemein gesellig. Im Februar nach der Ankunft aus dem Winterquartier und dann wieder im Herbst, wenn die Jungen fliegen können, sind ganze Bäume mit pfeifenden, schnalzenden Vögeln besetzt. Doch was wie reiner Herdentrieb aussieht, hat einen tieferen Sinn. Verhaltensforscher nehmen an, dass die Versammlungsbäume der Stare so etwas wie Info-Börsen sind. Auf dem gemeinsamen Schlafbaum erfährt der einzelne Vogel wahrscheinlich das Neueste in puncto Futterquellen.

Natürlich tauschen die Vögel nicht auf direktem Wege heiße Tipps aus, aber sie behalten einander sehr genau im Auge und kommen auf diese Weise an Insider-Wissen. Wenn beispielsweise ein Star auffallend zielstrebig abfliegt, können seine Kollegen »schlussfolgern«, dass er eine lohnende Futterquelle ansteuert, und schwirren ihm hinterher.

Der vorausfliegende Star seinerseits hat durchaus nichts dagegen, von »Trittbrettfahrern« begleitet zu werden: Ob auf einer durchweichten Wiese voller Insektenlarven **ein** Star oder ein ganzer Schwarm im Boden stochert, ist für den einzelnen Vogel nicht von Belang. Es ist ohnehin viel mehr da, als sie alle zusammen fressen können. Die Nahrungssuche in der Gruppe hat sogar einen handfesten Vorteil: Viele Augen sehen mehr, und im Trupp können Stare sogar den einen oder anderen Feind wegekeln.

Vor verärgerten Wacholderdrosseln ergreifen selbst Rabenkrähen die Flucht.

Vorsicht Feind!

Vogelalltag. Emsig fahndet das Amselweibchen im Falllaub nach Krabbeltieren, ein Buchfinkenmann marschiert suchend unter dem Apfelbaum umher, und über ihm turnt ein Pärchen Blaumeisen durch die Zweige. Plötzlich ein scharfes »Siiiih«. Die Amsel erstarrt, Buchfink und Meisen sind blitzartig im nächsten Busch verschwunden. Irgendwo muss ein Sperber sein, und irgendjemand hat Alarm gegeben. Das Verblüffende ist, dass der Alarmruf eines Buchfinken jederzeit von einer Kohlmeise, der Alarmruf einer Blaumeise jederzeit von einem Rotkehlchen oder einer Amsel verstanden wird; Alarmrufe sind gewissermaßen international verständlich. Dabei bringt sich der Alarm rufende Vogel nicht einmal selbst in Gefahr, denn Alarmrufe haben die Eigenart, dass sie extrem schwer zu orten sind. Der Sperber hört zwar, dass da jemand ruft, aber wo dieser Jemand sitzt, bekommt er so leicht nicht heraus.

Besonders eindrucksvoll lässt sich die Wirkung von Alarmrufen an Jungvögeln beobachten, die zwar schon aus dem Nest gehüpft, aber bei weitem noch nicht flugtüchtig sind. Ständig sind ihre Bettellaute irgendwo aus dem Gebüsch zu hören, unentwegt stopfen die Altvögel Futter in die hungrigen Schnäbel. Doch sobald ein Alarmruf zu hören ist, erstarren die Jungen

Mit weit aufgefächertem Schwanz versucht eine Blaumeise, den Eindringling einzuschüchtern.

zur Salzsäule. Die kleinen Vögel werden zu perfekt getarnten Erdklümpchen, Rindenstücken, Falllaubhäufchen.

Staren allerdings,

die auf dem freien Feld von einem Wanderfalken angegriffen werden, würde Erstarren wenig nützen. In solchen Fällen ist es am besten, sich hinter den Artgenossen zu »verstecken«. Und da jeder Vogel das gleiche Bestreben hat, möglichst viele Schwarmkollegen zwischen sich und den Angreifer zu bringen, entsteht in Sekundenschnelle eine dicht gedrängte Wolke aus Vögeln. Was sich eigentlich aus dem Sankt-Florians-Prinzip heraus entwickelt hat (»Herr, verschone mich und such lieber den Nachbarn heim«), stellt sich als perfekte Verwirrstrategie für den Angreifer heraus: Der Wanderfalke hat nur dann eine Chance, wenn er sich auf ein Opfer konzentrieren kann, doch das ist in dem Gewimmel aus Vögeln völlig undenkbar. Nachdem er ein paarmal vergeblich versucht hat, mit Scheinangriffen einzelne Vögel vom Schwarm abzusprengen, zieht er unverrichteter Dinge wieder ab.

Gemeinsam sind wir unerträglich

Eichhörnchen, Krähe oder Mäusebussard, die sich zu nahe an eine Kolonie brütender Wacholderdrosseln heranwagen, haben einen schweren Stand. Im günstigsten Fall schwirren dem Angreifer nur aufgebrachte, wild schnarrende Vögel um den Kopf. Doch wenn er Pech hat, wird er nicht nur angezetert, sondern auch noch bombardiert: Wacholderdrosseln beherrschen das Kunststück, sich im Sturzflug auf ihren Gegner herabfallen zu lassen, im letzten Moment abzubremsen und dabei gleichzeitig ihren Darminhalt auf ihn zu schleudern. So ein Erlebnis ist nicht nur unerfreulich, sondern kann tödlich enden: Der getrocknete Kot wird so hart, dass Krähe oder Bussard buchstäblich flugunfähig werden.
Offenbar ist das Kotspritzen unter den Drosseln nicht überall verbreitet, sondern gebietsweise Tradition. In Gegenden, in denen diese Abwehrmethode besonders beliebt ist, haben Wacholderdrosseln sogar schon Kotangriffe gegen Fensterscheiben mit Greifvogelsilhouetten geführt!

▲ Ein rettungslos kotverkleckerter junger Turmfalke: Wer sich mit Wacholderdrosseln anlegt, dem kann es buchstäblich dreckig gehen.

► Junge Heidelerche: Wer so gut getarnt ist, für den ist Sitzenbleiben und Stillhalten oft der beste Schutz.

◄ Die blau-schwarz schillernden Federn aus dem Flügelspiegel eines Eichelhähers.

▼ Federn brauchen ständig Pflege und Wartung (im Bild eine Misteldrossel).

Feder-Lesen

Ein Gartenbaumläufer wiegt um die 12 g, ein Kolkrabe hundertmal so viel; die Flügelspannweite eines Wintergoldhähnchens misst rund 14 cm, die einer Saatkrähe dagegen knapp 1 m; eine Goldammer sammelt Körnchen, ein Neuntöter stürzt sich auf Mäuse. Doch bei aller Verschiedenheit haben sie eines gemeinsam: Sie tragen Federn, und zwar eine beachtliche Menge. Ein Spatz hüllt sich im Sommer in rund 3100 Federn – ein buchstäblich federleichtes Kleid, das nicht mal 2 g wiegt! Im Winter sind es sogar 3600 Federn, der besseren Isolierung wegen.

Zwar ist eine Feder ein erstaunlich robustes Ding, aber nach 1 Jahr Durchs-Gebüsch-Schlüpfen, Fliegen, womöglich auch noch Tauchen oder Kämpfen ist auch das bestgepflegte Federkleid ramponiert und verlangt nach Rundumerneuerung. Der Gefiederwechsel, die Mauser, findet zweckmäßigerweise im Frühherbst statt. Dann ist die anstrengende Zeit der Jungenaufzucht überstanden, und bis zur kräftezehrenden Herbstwanderung für die einen und den harten Wintermonaten für die anderen ist es noch eine Weile hin. Zu keiner anderen Jahreszeit können Vögel so leicht

Energiereserven für das nachwachsende Federkleid erübrigen.
Und zu keiner anderen Jahreszeit stehen die Chancen so gut, auf Spaziergängen Federn zu finden, von den puderquastenartigen Dunen über die symmetrisch gebauten Federn des Kleingefieders, die den Vogelkörper einhüllen, bis zu den asymmetrisch aufgebauten Schwungfedern und Steuerfedern (nur die mittleren Steuerfedern sind symmetrisch aufgebaut).

Singvögel mausern ihr Gefieder sinnvollerweise nach und nach, sodass sie zum einen immer flugfähig bleiben und zum anderen stets gut wärmeisoliert sind. Die merkwürdig räudig wirkenden Wesen, die einem im Frühherbst gelegentlich über den Weg flattern, sind also keine kranken, von Parasiten befallenen Tiere, sondern Vögel im Kleiderwechsel. Besonders gut lässt sich der Stand der Mauser bei fliegenden Krähen beobachten: Ihre Flügel sehen dann erbärmlich »zahnlückig« aus.

In Sack und Asche

Wenn die Mauser beendet und die Federhülle erneuert ist, sieht das Resultat oft enttäuschend aus: Manche Vögel wirken nach der Herbstmauser, als hätten sie sich in Sack und Asche geworfen. Die nagelneuen Hüllen der Männchen von Buchfink, Bergfink, Gartenrotschwanz, Haussperling, Bluthänfling und Grünling sehen aus, als hätte sich ein Grauschleier über die Vögel gelegt. Der Effekt kommt durch die braungrauen Säume an den nachgewachsenen Federn zustande, die wie eine Tarnkappe die darunter liegenden Farben überdecken.
Doch die farblose Kostümierung macht Sinn: Wozu außerhalb der Brutzeit ein farbenprächtiges Gefieder anlegen, wenn weder Weibchen beeindruckt noch Rivalen eingeschüchtert werden müssen? Außerdem würde ein buntes Äußeres nur unnötig die Aufmerksamkeit von Raubfeinden auf sich lenken. Im Frühjahr, wenn »bunt und auffällig« wieder angesagt ist, sind die fad braunen Federsäume so stark abgewetzt, dass die Farben zum Vorschein kommen. Das vermeintliche Pracht-Outfit vieler Vogelmännchen ist also nichts anderes als der abgewetzte Anzug vom Vorjahr.

Buchfinken nach der Mauser (unten) sind ein enttäuschender Anblick. Erst im Frühjahr, wenn die graubraunen Federsäume abgewetzt sind, kommt die Farbenpracht zum Vorschein (oben).

Der Vogelflug ist eine aerodynamische und physiologische Meisterleistung (hier Berg- und Grünfinken).

Alle Vögel fliegen hoch!

Mal ehrlich: Der Flugversuch von Ikarus ging nicht deshalb daneben, weil er sich im Klebstoff vergriffen hatte. Ikarus wäre auch mit bestem Zweikomponentenkleber baden gegangen – einfach deshalb, weil der Mensch nun mal nicht die Voraussetzungen mitbringt, nach dem Vorbild der Vögel mit Muskelkraft zu fliegen.
Das fängt schon damit an, dass die Brustmuskeln der Vögel, die ja fürs Flügelschlagen ausschlaggebend sind, 15–20% ihres Körpergewichts ausmachen; beim Menschen ist es nicht mal 1%! Eine Amsel kann unter höchstem Leistungsdruck ihren Herzschlag auf 350 Schläge pro Minute hochjagen, ein Sperling sogar auf 850 Schläge. Ein Ausnahmesportler wie Lance Armstrong dagegen erträgt eine Zeit lang eine Pulsrate von 180 – ein Herzschlag, bei dem einem Durchschnittsmenschen schon die Ohren klingeln würden. Sehen wir den Tatsachen ins Auge: Vögel sind fürs Fliegen gemacht und wir Menschen eben nicht.

Vielleicht hätte Ikarus den Vögeln beim Fliegen außerdem genauer auf die Flügel sehen müssen. Vielleicht nahm er an, er müsse mit seinen

selbst gebastelten Tragflächen einfach nur auf- und abschlagen. Schwerer Irrtum! Die Bewegung, die Vögel mit ihren Flügeln ausführen, lässt sich am ehesten mit den Armbewegungen eines Schwimmers im Schmetterlingsstil vergleichen: Die Flügel folgen in der Bewegung ungefähr der Linie einer vorwärts gekippten Acht.
Aber das ist noch nicht alles. Auch auf die Form der Flügel kommt es an. Ikarus versuchte vermutlich, mit Flügeln in einfacher Brettform von der Erde abzuheben. Doch Vogelflügel sind nicht flach, sondern gewölbt wie Gleitschirme. Genau genommen »schwimmt« ein Vogel also mit Hilfe von zwei versteiften Gleitschirmen durch die Luft. Und als wäre das noch nicht komplex genug, kann er die Fläche dieser beiden Gleitschirme auch noch je nach Bedarf vergrößern oder verkleinern, je nachdem, wie viel oder wie wenig Luft er durch die Schwungfedern durchzischen lässt.

Doch das sind erst die Grundlagen, und die lassen jede Menge Raum für Variationsmöglichkeiten. Ein Spatz, der relativ kleine Flügel hat, muss zum Beispiel 13-mal pro Sekunde mit den Flügeln schlagen, um nicht zu Boden zu gehen. Bei einer Amsel mit ihren größeren Flügeln im Verhältnis zum Körpergewicht genügen schon 6 Flügelschläge. Ein Mauersegler hat im Verhältnis noch größere Flügel und müsste demnach mit noch weniger Flügelschlägen auskommen. Da er aber genauso schnell flattert wie ein Spatz, kann er seinen Energieeinsatz in Geschwindigkeit umsetzen und erreicht mit 12 Flügelschlägen pro Sekunde ein Tempo von bis zu 180 km/h – während der Spatz mit demselben Aufwand schon bei 40 km/h sein Maximum erreicht hat. Dafür bringt der Spatz es fertig, mit wenigen Flügelschlägen von 30 km/h auf null herunterzubremsen – für Mauersegler ein unmögliches Manöver.
»Gute« oder »schlechte« Flieger gibt es eigentlich nicht. Jede Vogelart setzt das Prinzip »Fliegen« auf ihre eigene Art um, jede hat ihren charakteristischen Stil entwickelt, der genau ihren Bedürfnissen und Anforderungen entspricht, vom Rüttelflug einer singenden Feldlerche über den Flatterflug einer jagenden Mehlschwalbe und den Wellenflug eines Buchfinks bis zum gleichmäßigen Ruderflug einer Rabenkrähe und dem Gleitflug der Stare, die immer ein wenig an heranschwebende Papierflugzeuge erinnern.

Die eigentlichen Meister unter den Fliegern sind die Kleinvögel: Rüttelflug, Rückwärtsflug, Überschläge, punktgenaue Stopps: Alles ist möglich. Im Vergleich zu einer Blaumeise ist jeder Adler tollpatschig.

Wanderer zwischen den Welten

Vor dem Abflug sammeln sich Stare zu riesigen Schwärmen.

Im September werden Schwalben ungemein gesellig. Zu Hunderten sitzen sie nebeneinander auf Telefonleitungen, akkurat eine Schnabelhackweite voneinander entfernt, als warteten sie auf ein geheimes Signal, das die letzte Bremse in ihnen löst und sie auf den Weg schickt. Und innerhalb weniger Wochen, wenn ringsum noch die leckersten Fliegen umherschwirren, sind sie verschwunden. Rauchschwalben überwintern im südlichen Afrika, Mehlschwalben südlich der Sahara. Langstreckenzieher wie sie können ihr Winterquartier nur dann rechtzeitig erreichen, wenn sie beizeiten starten – selbst dann, wenn es hierzulande eigentlich noch genügend zu fressen gäbe. Ihre »innere Uhr«, ein erstaunlich exaktes Zeitgefühl, sagt ihnen, wann es an der Zeit ist loszufliegen.

Andere Vögel regeln die Angelegenheit flexibler. Kurzstreckenzieher wie Feldlerche oder Goldammer, Hausrotschwanz, Star oder Bachstelze fliegen oft nur bis ins Mittelmeergebiet oder nach Südwesteuropa und können sich deshalb mit dem Abflug Zeit lassen. Sie starten nicht strikt nach Terminkalender, sondern meist erst dann (in der Regel im Oktober), wenn sinkende Temperaturen sie dazu drängen.

Sinkende Temperaturen setzen auch anderswo die Vogelwelt in Bewegung. Ab

Anfang Oktober tauchen die ersten Bergfinken aus Skandinavien bei uns auf; dazu kommen regelmäßig riesige Saatkrähenschwärme aus dem Osten. Andere Wintergäste sind quasi inkognito hier: Nicht selten sind das Rotkehlchen oder die Goldammer, die sich im Winter im Garten einfinden, gar keine Alteingesessenen, sondern Wintergäste aus dem Norden oder Osten. Doch welche Vogelart Standvogel und welche Zugvogel ist, wer zu den Kurzstreckenziehern und wer zu den Langstreckenziehern gehört, lässt sich nicht absolut sagen. Dieselben Vogelarten, die in unseren Breiten »sitzen bleiben« können, sind in Sibirien oder Finnland oft gezwungen, sich jeden Herbst auf den Weg nach Süden zu machen.

Survival of the fattest

Wenn sich Gartenrotschwänze im Herbst voll stopfen bis zum Platzen, wenn Grasmücken und Laubsänger fressen wie die Scheunendrescher, dann haben sie ihre Gründe: Sie müssen sich ein möglichst dickes Speckpolster zulegen, denn für ihre bevorstehende Reise gibt es keinen besseren Treibstoff als Fett. Ein Gramm Fett liefert doppelt so viel Energie wie dieselbe Menge Kohlenhydrate oder Eiweiß. Ein spatzengroßer Vogel, der 40% seines Körpergewichts an Fett getankt hat, kann theoretisch 2500 km nonstop fliegen!

Meist haben kleine Singvögel ihr Fressprogramm für die große Reise nach spätestens 10 Tagen absolviert. In dieser kurzen Zeitspanne haben sie nicht nur 40% mehr gefressen als üblich, sie haben sich außerdem auf besonders energiereiche Nahrung konzentriert. Grasmücken zum Beispiel werfen sich vor ihrem Reisetermin bevorzugt auf Insekten, Spinnen und anderes Krabbelgetier. Damit lässt sich schneller aufspecken als mit Beerendiät.

Besonders verfressen sind naturgemäß solche Vogelarten, denen lange Nonstop-Flüge bevorstehen. Wer die Sahara, breite Meeresarme oder Gebirgszüge überqueren muss, sollte vorher reichlich aufgetankt haben. Kurz- und Mittelstreckenzieher, die »nur« einige hundert Kilometer hinter sich bringen müssen, haben vor dem Start bis zu einem Viertel ihres Körpergewichts an Fett aufgepackt. Bei Langstrecklern kann das Fettpolster sogar knapp über 50% des Körpergewichts ausmachen. Eine Grasmücke vor dem Transsaharaflug ist gewissermaßen ein fliegendes Fettauge!

▲ Simple Fußringe (hier eine Feldlerche) halfen bei der Erforschung des Vogelzugs.

► Sie sind angekommen: Rauchschwalben im Winterquartier in Kenia.

Die Nester von Grasmücken haben ein reichlich knapp bemessenes Verfallsdatum.

Der Rest vom Nest

In kahlen Büschen und Bäumen kann man von Dezember bis April entdecken, was sonst im Laub verborgen bleibt: eine beeindruckende Vielfalt in Sachen Leichtbauweise, Vollholz-Stil, Polster-Finessen, Webe- oder Stecktechnik, Lehmbauweise und Schlafzimmer-Komfort. Es ist erstaunlich, welch unterschiedliche Gebilde unter der Bezeichnung »Nest« durchgehen, von den struppigen Heuhaufen der Spatzen über akkurate Nestmulden bis hin zu den flauschigen Kunstwerken der Beutelmeisen, die früher ohne Nacharbeiten als Hausschuhe von Menschen zweitgenutzt wurden. Die meisten Singvögel – von den Rabenvögeln und dem Zaunkönig einmal abgesehen – benutzen ihre Nester nur für eine Brutsaison. Es spricht also nichts dagegen, ausgediente Nester genauer anzusehen oder zu zerlegen. Allerdings ist es ratsam, bei der Untersuchung Gummihandschuhe anzuziehen – der Vogelflöhe und Milben wegen.

Selbst mit viel Übung ist es nicht leicht, am Nest und seinem Fundort abzulesen, wer einmal darin gebrütet hat. Doch zumindest Gruppen lassen sich einkreisen. Drosseln – also Amsel, Singdrossel, Wacholderdrossel oder Misteldrossel – haben die Eigenart, ihre Nester innen mit einer Schicht aus feuchter Erde oder zerkautem Holzmulm zu verputzen. Manchmal ist diese Mörtelschicht unter einer Polsterung verborgen (Amsel), manchmal liegen die Eier direkt auf dem Verputz (Singdrossel). Buchfinkennester sind Meisterwerke der Tarnung. Sie sind außen oft so perfekt mit einer Tapete aus Flechten, Moos und Rinde verkleidet, dass man sie von weitem für einen Astknubbel halten könnte.

Stieglitze bauen ihre Nester fast immer an den dünneren Außenzweigen von Laubbäumen sehr sorgfältig aus Halmen und Wurzeln und tarnen das Ganze mit einer Hülle aus Flechten und reichlich Spinnenweben. Die Nestmulde wattieren sie mit der Samenwolle von Pappeln und Weiden. Diese Polsterung aus Pflanzenwolle ist auch das Markenzeichen ihrer nahen Verwandten, der Erlenzeisige und Birkenzeisige.

◄

Junge Rabenkrähen haben unter Zugluft kaum zu leiden: Die Altvögel haben die Lücken im Astgewirr des Nestes bestens mit Moos und Grasballen aufgefüllt.

►

Meisterhaft getarnt: Von weitem könnte man das Buchfinkennest mit seinem Überzug aus Spinnweben und Flechten für eine Baumwucherung halten.

Typisch für Kernbeißer und Gimpel ist der plattformartige Unterbau aus groben Ästchen, auf der dann erst das eigentliche Nest aus groben Wurzeln und Halmen und einer Polsterung aus feinerem Material ruht. Doch während der Gimpel sein Nest gerne auf die äußeren Zweige von Nadelbäumen setzt, brütet der Kernbeißer lieber in stammnahen Astgabeln von Laubbäumen. Rotkehlchennester sitzen im Gebüsch meist auf dem Boden, perfekt getarnt unter Altgras, Erdabbrüchen, Wurzeln oder höchstens kniehoch im Efeu. Der Rohbau besteht aus Laub, Moos und Halmen, die Inneneinrichtung aus Wurzeln, Haaren, Federn und Pflanzenwolle. Manchmal ist der Nestnapf mit einer hochgezogenen Wand oder sogar einem Dach versehen. Ist das Bodennest im Gebüsch aber bis auf ein querovales Schlupfloch kugelig geschlossen, hat es vermutlich ein Zaunkönig gebaut.

Ein offenes Bodennest in einer Hecke, das aus Grashalmen und Blättern mit einer Innenauskleidung aus feinerem Material besteht, könnte von einer Goldammer stammen. Ist das Bodennest dagegen weit entfernt von Hecken und Bäumen und besteht nur aus einer Mulde im Boden, die mit feinen Gräsern und Blättern ausgelegt ist, hat hier wahrscheinlich eine Feldlerche gebrütet.

Ein Stieglitz hat ein Flöckchen Schafwolle entdeckt und zupft sich etwas Polstermaterial für sein Nest heraus.

Nester haben immer schon fasziniert; kein Wunder, dass sie sprichwörtlich wurden. Das »warme Nest« wurde zum Synonym für eine behütete Kindheit, wer früh »aus dem Nest geworfen« wurde, musste in die Fremde ziehen und sehen, wo er blieb. Und »Nesthocker« dieser Tage nutzen gern den Service von »Hotel Mama«, so wie ihn eben nur ein »gemachtes Nest« bieten kann.

Beerensträucher im Garten sind die beste Vogelfütterung (im Bild Haussperlinge).

Vögel mit Stadtwohnung

Wenn die Temperaturen fallen, die Nahrung knapp wird und die Schneedecke wächst, haben Vögel zwei Möglichkeiten: durchhalten oder in wärmere Gebiete ausweichen. Doch sie müssen nicht unbedingt viele Breitengrade überfliegen, um ins Warme zu kommen. Heiße Autoabgase, der warme Qualm aus den Schornsteinen, schlecht isolierte Häuser und eine Wärme speichernde Dunstglocke sorgen dafür, dass es in der Stadt um etliche Grad wärmer ist als im Umland. Experten schätzen, dass die Temperaturen in einer Großstadt einer Verschiebung um 300 km nach Süden entsprechen. Das perfekte Winterquartier ist nur wenige Kilometer entfernt!

Immer mehr Vögel lassen die Reise in den warmen Süden sausen und treten stattdessen die Wanderung in die behagliche Stadt an, wo ihnen nicht nur Logis, sondern auch noch Kost vom Feinsten geboten wird. Runde 25 Millionen Euro blättern die Deutschen jedes Jahr hin, um Meisen, Amseln und Finken im Winter zu verpflegen. Glücklicherweise wird aber auch die natürliche Art der Vogelfütterung immer populärer: Samen tragende Stauden, verwilderte Ecken im Garten, Beeren tragende Wildsträucher im Park machen Schule.

Bei einigen Kurzstreckenziehern wie Hausrotschwanz, Mönchsgrasmücke, Singdrossel und Zilpzalp zeichnet sich bereits ein deutlicher Trend zur Überwinterung im Häusermeer ab, doch auch viele Wintergäste aus dem Norden über-

Ein Buchfinkenweibchen in seinem extravaganten Nest aus Papiertaschentüchern.

wintern nicht mehr in der offenen Landschaft, sondern haben die Vorzüge des Stadtlebens bemerkt. Bergfinken, Fichtenkreuzschnäbel, Birken- und Erlenzeisige aus Nordeuropa sind längst zu Städtern auf Zeit geworden, und unter norwegischen Berghänflingen scheint besonders die Hamburger Innenstadt ein Geheimtipp zu sein.
Doch auch Vögel aus dem Umland wie Amseln, Meisen, Zaunkönige, Heckenbraunellen oder Rotkehlchen verlagern gerne ihren Wohnsitz Richtung City, wenn es in der offenen Landschaft kalt und unerfreulich wird. Herbst und Winter sind die lohnendste Zeit, um mit dem Fernglas durch die Stadtparks zu streifen!

Winterfütterung?

Was tun, wenn Vogelscharen mit unübersehbarem Heißhunger in den Gärten nach Futter suchen? Füttern oder nicht? Noch immer sind die Meinungen über das Für und Wider des Vogelfütterns geteilt, doch selbst einige Fachleute vertreten mittlerweile den Standpunkt, dass sinnvolles Füttern seinen Platz hat.
Zwar weisen die Gegner darauf hin, dass sich an Futterstellen meist nur eine Hand voll Vogelarten einfinden, die ohnehin schon mehr als häufig sind, doch dieses Argument wird immer wackeliger. Zwar besteht das Gros der Kostgänger in der Tat aus Kohlmeisen, Blaumeisen, Amseln und Buchfinken, doch genaue Untersuchungen haben gezeigt, dass die Artenzahl der Vögel an Futterstellen insgesamt deutlich zunimmt. An einer Futterstelle der Stadt Linz haben Vogelkundler in 2 Wintern insgesamt 22 Vogelarten gezählt!
Liegt's an der ausgeräumten Landschaft vor der Stadt? Oder lernen die Vögel einfach nur, eine neue Nahrungsquelle zu nutzen? Was auch immer der Grund sein mag: Vogelfütterung kann von Fall zu Fall sicher eine echte Überbrückungshilfe sein. Aber all die Argumente und Beweisführungen und Grabenkämpfe mal beiseite: Es macht doch einfach Spaß, Wildtiere ganz aus der Nähe beobachten zu können. Was ist falsch daran, sich das einzugestehen?

Die Stadt ist für die auffällig gescheckte Amsel (oben; ein so genannter Teilalbino) ein sicherer Überlebensplatz, für den Kernbeißer (rechts) ein Fünf-Sterne-Restaurant.

Eiskalte Typen

Solange sie genug Futter haben, ist Kälte kaum ein Problem: Vögeln ist die Thermokleidung angewachsen.

Jetzt sitzen die Piepmätze wieder aufgeplustert, mit eingezogenen Köpfen in den Zweigen; allein der Anblick lässt einen schon frösteln. Doch was bei menschlichen Beobachtern sofort Mitleid auslöst, ist kein Bild des Jammers, sondern perfekte Anpassung. Unsereins würde bei Minusgraden einen Daunenanorak anziehen, um seinen Körper in eine möglichst dicke, isolierende Luftschicht zu packen.

Das aufgeplusterte Gefieder einer Amsel hat exakt diese Wirkung: Das aufgestellte Gefieder – das übrigens im Winter um einiges dichter ist als im Sommer – vergrößert die Lufthülle um den Körper, und da Luft ein schlechter Wärmeleiter ist, wird dadurch die Isolierwirkung um ein Vielfaches gesteigert. Der Vogel kann die Wärmewirkung des Gefieders quasi stufenlos einstellen, je nachdem, ob er die Federn anlegt – und »Luft herausnimmt« – oder ob er sie aufstellt.

Wie schafft es eine Meise, dass sie nicht »barfuß« auf ihrem Zweig festfriert? Sie hält den Körper zwar dank warmer Federhülle auf Normaltemperatur, lässt ihre Füße aber auf wenige Grade über dem Gefrierpunkt abkühlen. Kalte Füße aber können den Schnee auf der Sitzunterlage nicht auftauen, und ohne Schmelzwasser können die Füße auch nicht festfrieren.

Der Temperaturunterschied zwischen Körperkern und Füßen kommt bei Vögeln durch ein raffiniertes Wärmeaustauschersystem zustande: Die Adern, die warmes Blut vom Herzen in die Gliedmaßen leiten, verlaufen dicht neben den Adern, in denen das abgekühlte Blut aus den Füßen zum Herzen zurückfließt. Das warme Blut wird also vorgekühlt, ehe es in die kalten Füße fließt; das verbrauchte, kalte Blut aber wird vorgewärmt, bevor es wieder in den Körper zurückströmt. Außerdem kann der Blutstrom Richtung Gliedmaßen bei Bedarf auch noch zu kleinen Rinnsalen gedrosselt werden, damit der Wärmeverlust so gering wie möglich bleibt. Etwas abgeschwächt kennen wir dieses Phänomen ja auch von uns selbst ...

Für kleine Vögel wie Baumläufer, Schwanzmeisen oder Zaunkönige könnte es allerdings in kalten Winternächten trotz Daunenhülle und Fußkühlung eng werden. Sie könnten zwar mit »Bibbern« – das ist nichts anderes als Wärme erzeugender Leerlaufbetrieb der Muskulatur – die Körpertemperatur anheben, aber um die nötige Energie zu gewinnen, müssten sie wiederum gewaltige Mengen fressen, und genügend Futter ist im Winter nicht leicht zu bekommen.

Viele kleine Vögel behelfen sich, indem sie sich in kalten Winternächten zu Schlafgemeinschaften zusammenfinden. Gartenbaumläufer hat man schon zu zehnt zusammengekuschelt gefunden, von Zaunkönigen sind Schlafgemeinschaften aus über 20 Vögeln belegt, und Wintergoldhähnchen bilden in frostigen Nächten regelrechte »Schlafkugeln«. Dank gegenseitiger Körperheizung können die geselligen Schläfer ihren Energieverlust auf ein Fünftel senken!

► Erst wenn der Winter in der nordischen Tundra richtig hart wird, weichen die Schneeammern in großen Schwärmen nach Süden in mildere Gebiete aus.

►► Für Baumläufer kann eine einzige kalte Winternacht tödlich sein. Die Winzlinge behelfen sich, indem sie sich in geschützten Winkeln zu Schlafgemeinschaften zusammenkuscheln.

»Dieser Vogel ist über die Maßen unkeusch«, empörte sich Konrad Gesner 1557 über den Haussperling.

Haussperling

Passer domesticus

Merkmale

- kräftiger Schnabel
- Männchen sehr bunt, mit grauem Oberkopf, kastanienbraunem Nacken und schwarzem Brustlatz
- Weibchen und Junge unauffällig braun gemustert

Vermutlich ist er der Star der größten Erfolgsgeschichte im Vogel-Weltreich. Die Vorfahren des Haussperlings oder Spatzen waren wohl nur mittelmäßig erfolgreiche Bewohner der asiatischen Steppen. Erst als aus dem Waldland Europa eine Kulturlandschaft mit Wäldern, Hecken, Äckern und Wiesen wurde, erst als der ackerbauende Mensch ganzjährig für beste Verpflegung sorgte, war die Stunde der Spatzen gekommen – und keine Vogelart nutzte ihre Chance besser als sie. Abgesehen vom Äquatorgürtel, den Wüsten, einigen Teilen Südostasiens und Australiens hat der Haussperling keine Weltgegend unbesiedelt gelassen; oft war ihm sogar der Mensch als Reiseagent behilflich. So trösteten sich etliche heimwehgeplagte Auswanderer in die Neue Welt mit etwas Lebendigem, Vertrautem aus der Heimat: Sie nahmen gekäfigte Spatzen mit. Vor 150 Jahren wurden die ersten Spatzen im Central Park von New York ausgesetzt; heute flattern sie in den ganzen USA herum.

Das Erfolgsgeheimnis der kleinen Piepmätze: Sie nehmen's, wie's kommt. Sie fressen (Unkraut-)Samen aller Art ebenso wie Tierfutter, Erntereste und weggeworfene Pausebrote, sie picken unverdaute Haferkörner aus Pferdeäpfeln und sammeln für ihre Jungen Blattläuse, Raupen, Käfer und Heuschrecken.
Besonders flexibel sind sie bei der Wahl ihrer Nistplätze: Sie brüten als Untermieter in Greifvogelnestern, beziehen Starenkästen und verlassene Schwalbennester, nisten in der Armbeuge steinerner Kaiser, ziehen ihre Jungen in lärmigen Industriehallen oder in der (angenehm temperierten) Nähe von Straßenlampen auf. In der Arktis fand man Spatzennester sogar neben den schlagenden Kolben von Ölpumpen.

Männchen und Weibchen sind beim Feldsperling äußerlich nicht zu unterscheiden.

Feldsperling

Passer montanus

Merkmale

- kastanienbraune Kopfplatte, schwarzes Kinn, schwarzer Ohrfleck
- Rücken und Flügel braun gemustert, Unterseite grauweiß
- Männchen und Weibchen sehen gleich aus

Feldsperlinge haben nur dort eine Chance, wo sie sich nicht gegen die Haussperlinge, ihre konkurrenzstärkeren Verwandten, behaupten müssen. Während sich Haussperlinge gerne in nächster Nähe des Menschen ansiedeln, halten sich Feldsperlinge eher ans landwirtschaftliche Umland. Auch in lichten Wäldern, Feldgehölzen und Hecken bauen sie gelegentlich ihre Nester. Apropos Nester: Was Feldsperlinge in Nistkästen, Baumhöhlen oder Mauernischen zusammenschustern, sieht eher wie die Karikatur eines Nestes aus – ein wirrer Haufen aus Halmen und Federn mit seitlichem Einschlupf. Die wenigen frei stehenden Nester aber, die sie hier und da fabrizieren, erinnern mit ihrer Kugelform und dem überdachten Eingang durchaus daran, dass Sperlinge zu den Webervögeln gehören.

Feldsperlinge schätzen Geselligkeit. Außerhalb der Brutzeit sind sie fast immer in Trupps unterwegs. Besonders an ergiebigen Nahrungsplätzen können sich große Schwärme sammeln; in reifende Getreidefelder zum Beispiel fallen oft Hunderte von Sperlingen auf einmal ein. Wenn sie gemeinsam auf Nahrungssuche gehen, bleiben sie meist in sicherer Nähe von Büschen, damit sie bei Gefahr sofort in Deckung gehen können.

Seit einiger Zeit sind die Zahlen der Sperlinge rückläufig. Noch stärker als die Haussperlinge sind die Feldsperlinge im Abstieg begriffen. Liegt es am Verschwinden der Hühnerhöfe mit ihren ausliegenden Körnern? An der Abschaffung der Zugpferde in der Landwirtschaft, deren Rossäpfel die Spatzen jederzeit grundversorgt haben? Oder an der Versiegelung der Dörfer, die es den Sperlingen schwer macht, noch genügend Insekten für ihre Jungen zu finden? Was auch immer der Grund sein mag: Die Spatzen pfeifen längst nicht mehr von allen Dächern.

Buchfink

Fringilla coelebs

Buchfinken gehören zu den häufigsten Vögeln in Mitteleuropa – und sicherlich auch zu den schönsten.

Merkmale

- etwa so groß wie ein Spatz, weiße Flügelbinde
- Männchen mit blaugrauer »Kapuze« und rostroter Unterseite
- Weibchen ähnlich dem Spatzenweibchen

Buchfinken sind so häufig, dass sie in vielen Gegenden Europas sogar die Kohlmeisen vom ersten Platz verdrängt haben. Und sie sind beliebt. Ein sicheres Zeichen für Popularität war in vergangener Zeit, wen sich der Mensch gern in den Vogelkäfig setzte. Das bunte Gefieder der Männchen und vor allem der Gesang mit dem typischen Schlussschnörkel machten den Buchfinken im 19. Jahrhundert zum beliebten Zier- und Käfigvogel. Seinen Namen verdankt der Fink übrigens seinem schlichten Kontaktruf, der wie »pink« klingt.

Buchfinkennester sind in ihrer Art Kunstwerke. Die Nesthalbkugel, die das Weibchen allein (!) auf einen Ast oder auch mal an eine Hausmauer ins Spalier setzt, ist außen so raffiniert mit Flechten und Spinnweben verkleidet, dass sie perfekt mit dem Umfeld verschmilzt; dann folgt eine Schicht aus Moos und Gras und innen ist das Ganze mit feinsten Wurzeln, Halmen und Federn tapeziert. Manchmal recycelt das Weibchen auch das Baumaterial eines vorjährigen Nestes für das neue Bauwerk. Die Jungen werden von beiden Eltern mit zarten Räupchen und anderen kleinen Insekten gefüttert; erst wenn sie flügge sind, verlegen sie sich auf Samen und Körner. Bis zu 1 Monat ziehen die Jungen noch gemeinsam mit ihren Eltern umher.

Ob der Winter sich in Mitteleuropa aussitzen lässt oder nicht, darüber gehen bei Buchfinken die Meinungen offenbar auseinander: Ein Großteil der Weibchen zieht im Herbst Richtung Westen und Süden in wärmere und schneeärmere Gebiete, die meisten Männchen dagegen bleiben hier. Diese Eigenart hat den Finken ihren seltsamen wissenschaftlichen Namen (»coelebs« = ehelos) eingebracht. Ein anderer Beiname der Vögel stammt noch aus der Zeit der Pferdefuhrwerke. Damals waren Pferdeäpfel mit den teils unverdauten Haferkörnern eine der ergiebigsten Nahrungsquellen. Und da die Buchfinken das bald heraushatten, wurden sie schnell zu »Schmutzfinken«.

▲ Früher waren Buchfinken ungemein beliebte Käfigvögel. Die Belgier lassen noch heute gekäfigte Finken gegeneinander ansingen.

► Ihre Nester sind Meisterwerke der Tarnung: Ein Überzug aus Flechten und Spinnweben lässt sie vollkommen mit der Umwelt verschmelzen.

Wie ihm der Schnabel gewachsen ist

Buchfinken gehören zu den Lieblingstieren der Verhaltensforscher; sie sprechen nämlich Dialekt. Neben dem bekannten Finkenschlag beherrschen sie noch eine Reihe anderer Rufe, und besonders einer davon, der »Regenruf« (der übrigens mit Regen wenig zu tun hat), hat es den Forschern angetan. Buchfinken am Oberrhein zum Beispiel bringen den Regenruf anders als solche in Bayern, Buchfinken in England sprechen ihn anders als ihre Verwandten in Sachsen. Der arteigene Gesang ist Buchfinken nämlich durchaus nicht vom ersten bis zum letzten Ton angeboren, sondern zu großen Teilen erlernt.

Ein Buchfinkenjunge weiß erst dann, wie er zu singen hat, wenn er in einem ganz bestimmten empfänglichen Alter den Vater und die Nachbarn singen gehört hat. Zieht man einen Buchfinken aber außer Hörweite seiner Artgenossen auf und spielt ihm im sensiblen Alter Gesangsproben artfremder Vogelmännchen vor, so hört sich sein Gesang später wie eine Mischung aus Buchfinkisch und dem vorgespielten Fremdgesang an.

Wie hartnäckig sich Gesangstraditionen halten, zeigte sich an Buchfinken, deren Vorfahren vor etwa 120 Jahren in Neuseeland ausgesetzt worden waren: Noch heute »sprechen« sie den Dialekt, der in der Heimat ihrer mitteleuropäischen Ahnen gängig war.

Grünfink (Grünling)

Carduelis chloris

Wo Grünfinken am Futterplatz auftauchen, sind ständig Streitereien im Gange.

Merkmale

- gut sperlingsgroßer, plump wirkender Vogel mit kräftigem Kegelschnabel
- gelbe Zeichnung an Flügeln und Schwanz
- Männchen grün, Weibchen matt khakifarben

Grünfinken auf Brautschau wirken, als hätten sie zu tief ins Glas geguckt. Schon an schönen Spätwintertagen torkeln die Vogelmänner laut trillernd mit seltsam schmetterlingsartigen Flügelschlägen durch die Luft, lassen sich dann auf einer Baumspitze, einer Fernsehantenne oder einem anderen »Spitzenplatz« nieder und fahren dort mit ihren klingelnden Gesängen fort.

Beim Nestbau herrscht unter Grünlingen klare Aufgabenteilung. Das Männchen hilft hin und wieder beim Beschaffen von Baumaterial, soweit ihm seine Gesangsauftritte Zeit dazu lassen. Das Weibchen fügt Zweige, Halme und Moosstückchen zu einem – übrigens wenig beeindruckenden – Nest zusammen. Wenn Baumaterial knapp ist, wird auch mal ein vorjähriges Nest zerlegt und neu verwertet. Auch in der Brutzeit herrscht Job-Splitting: Brüten ist ausschließlich Frauensache. Die Verpflegung des brütenden Weibchens ist dagegen

Aufgabe des Männchens. Wenn die Jungen geschlüpft sind, werden sie aus dem Kropf der Eltern mit einem Müsli aus vorgeweichten Samen aufgepäppelt. Schon mit 2 Wochen hüpfen die jungen Finken aus dem Nest, doch erst 2–3 Tage später sind aus den dilettantischen Flatterern gute Flieger geworden.

Im Herbst und Frühwinter schließen sich die Familien zu kleineren Trupps oder auch zu gewaltigen Vogelschwärmen zusammen. Oft ziehen Grünfinken gemeinsam mit anderen Finkenarten und Ammern zu Tausenden umher. Im Schwarm ist es nun mal leichter, lohnende Nahrungsquellen aufzuspüren. Besonders beliebt bei Grünlingen sind Hagebutten. Doch wo die Vögel eingefallen sind, bleiben nicht etwa leere Zweige zurück, sondern zermatschte, ausgehöhlte Früchte: Die Finken haben es nicht auf das Fruchtfleisch abgesehen; sie haben ein Faible für die Kerne.

Mit ihrer Vorliebe für Knospen und Blüten im Frühjahr und ihren Übergriffen auf Beerensträucher im Sommer machen sich Grünfinken unter den Kleingärtnern keine Freunde. Ihr Faible für Hagebutten dagegen nimmt ihnen wohl niemand übel.

Ein Vogel zieht in die Stadt

In manchen Städten sind Grünfinken längst häufiger als Spatzen. Gärten und Parks mit ihrem Mosaik aus Gebüschinseln, Bäumen und Wiesenflächen treffen genau den Geschmack der stämmigen Finken. Auf einem Quadratkilometer Parkfläche können ohne weiteres 100 Grünfinkenpaare brüten – und das sind noch nicht einmal die Spitzenwerte. An mit Efeu bewachsenen Hauswänden folgen die Nester manchmal im Drei-Meter-Abstand aufeinander, und selbst auf Denkmälern oder in den Geranienkästen städtischer Balkons brüten die Vögel. Apropos Brüten: Unter der molligen Dunstglocke im Stadtbereich können Grünfinken schon Ende Februar in Brutstimmung kommen, während ihre Artgenossen auf dem Land bis Ende März Zeit warten müssen.

Städte bieten außerdem erstklassige Verpflegung: Flächendeckend verteilte Futterhäuschen helfen komfortabel über den Winter; verunkrautete Bahndämme, unbebaute Grundstücke oder verwilderte Wegränder (soweit sie der Ordnungswut der Stadtplaner entgangen sind!) sichern die Basisversorgung an Samen, Knospen und Früchten. Die besten Häppchen finden sich allerdings in Gärten und Parks, wo Grünfinken Triebe und Knospen ernten, die schmackhaften Fruchtknoten aus den Blumen pflücken oder sich im Herbst an den Samen fleischiger Früchte delektieren.

Solche Sitten bringen Kleingärtner bisweilen in Rage, doch mit einem Trick können sie sich die stämmigen Grünen »auf Biologisch« vom Hals schaffen: Aufnahmen von Alarm rufenden Grünfinken schlagen die Mitesser in die Flucht.

Gimpel (Dompfaff)

Pyrrhula pyrrhula

Bei unseren Vorfahren galten Gimpel als schlichthirnig – eine böse Unterstellung.

Merkmale

- kurzer, dicker Schnabel
- schwarze Kopfkappe, weißer Bürzel
- Unterseite beim Männchen rosenrot, beim Weibchen braungrau

Im Namen Gimpel soll »Simpel« stecken, was ja soviel wie »Dummerchen« heißt. Der Journalist und Autor Horst Stern ging in einem seiner TV-Tierporträts (»Sterns Stunde«) dem schlechten Image auf den Grund und verglich die Lernleistung von zweien seiner Volierenvögel: Kleiber und Gimpel. Der Gimpel erwies sich als höchst pfiffig und wirkte neben dem Kleiber wie ein Eliteschüler neben einem Lernbehinderten. Simpler Gimpel ...? Wohl eher ein Fall von Verleumdung. Auch der zweite Name des Vogels – Dompfaff – leuchtet höchstens wegen der schwarzen Pfaffenkappe ein: Katholische Geistliche dürfen bekanntlich nicht heiraten; der Dompfaff aber ist einer der verheiratetsten Singvögel überhaupt. Erwachsene Vögel sind das ganze Jahr über nur als Pärchen zu sehen. Für diese Vogelehe gilt, was auch Menschen sich vor dem Altar vornehmen: Sie hält, bis dass der Tod sie scheidet.

Erwachsene Gimpel sind fast reine Vegetarier. Während sie sich im Herbst an Beeren halten, knabbern sie im Frühjahr gern Laubbaumknospen. Und weil die

Knospen von Obstbäumen offenbar besonders schmackhaft sind, sieht man Gimpel zur Zeit des Laubaustriebs häufig in Gärten. In England fielen Gimpel in den 60er- und 70er-Jahren so zahlreich über Obstplantagen her, dass sogar Prämien auf sie ausgesetzt wurden. Doch eigentlich sind offene Gartenlandschaften gar nicht das Ideal der Rotbäuche. Dichte Jungwälder oder Altgehölze mit reichlich Unterwuchs sind eher nach ihrem Geschmack.

Männchen helfen

übrigens beim Nestbau mit, was bei Finken eher unüblich ist. Das Weibchen wird während der Brutzeit und später, während es die Jungen hudert, von seinem Partner gefüttert. Wenn die Jungen älter sind, beteiligt sich dann auch das Weibchen an der Fütterung. Die Jungen bekommen Raupen, Spinnen und Gehäuseschnecken, vor allem aber einen Kinderbrei aus eingeweichten milchreifen Samen aus dem Kropf der Eltern.

Die Ehe von Gimpelpärchen hält meist jahrelang, oft sogar »bis dass der Tod sie scheidet«. Gimpelväter sind übrigens bemerkenswert »emanzipiert«: Während das Weibchen mit der zweiten Brut beschäftigt ist, führt das Männchen die erste Brut aus.

Kinderehe

Im Alter von etwa 5 Wochen sind junge Gimpel alt genug, um für sich selbst zu sorgen. Sie sind auf sich gestellt und müssen ohne Eltern zurechtkommen. Doch die Geschwister halten weiterhin zusammen wie Pech und Schwefel. Jeweils zwei von ihnen stecken die Köpfe besonders eng zusammen. Sie schnäbeln, füttern sich gegenseitig mit Samen aus dem Kropf und tragen Zweige zusammen, als wollten sie ein Nest bauen. Sie »spielen« sozusagen Vater-Mutter-Kind.

Spaßigerweise bilden sich reine Schwesternpaare oder Bruderpaare genauso oft wie gemischte Paare aus Schwester und Bruder. Das liegt nicht etwa daran, dass Gimpel homosexuelle Neigungen hätten. Eingeschlechtliche Paare kommen einfach deshalb zustande, weil die Gimpel selbst nicht wissen, wer Männlein und wer Weiblein ist: Als Kinder sind sie einfarbig braungrau und damit äußerlich geschlechtsneutral.

Erst mit der Herbstmauser, wenn sie das Erwachsenengefieder anlegen, zeigt sich, wer was ist. In dieser Zeit begegnen die Geschwistergruppen auch immer häufiger anderen Jugendgruppen. Aus diesen neuen Bekanntschaften wählt sich jeder Junggimpel seinen endgültigen Partner und löst sich gleichzeitig langsam von seiner Schwester oder seinem Bruder.

Kernbeißer

Coccothraustes coccothraustes

Eine stämmige Figur und ein Schnabel wie eine Rohrzange: Kernbeißer sehen nicht nur wehrhaft aus, sie sind es auch.

Merkmale

- etwa so groß wie ein Star; wirkt gedrungen und »dickköpfig«.
- auffallend großer, klobiger Schnabel, der im Sommer stahlblau, im Winter hellbraun ist
- schwarze »Brille« und schwarzer Kinnlatz
- auffallend kurzer Schwanz

Das Gefieder des Kernbeißers ist eine wunderschöne Komposition aus Braun- und Grautönen mit Schwarz und Weiß. Männchen und Weibchen sind zwar im Prinzip gleich gefärbt, aber die Männchen haben leuchtendere Farben – und die spielen sie zur Balzzeit nach Kräften aus: Vor der Paarung präsentiert das Männchen seine schönsten Gefiederpartien, während es um seine Dame herumhopst.

In der Brutzeit engagieren sich die Herren übrigens weit mehr als bei Finkenvögeln üblich. Wenn sich die Ehepartner einig geworden sind, wo das Nest entstehen soll – am liebsten in den oberen Etagen von Laubbäumen –, trägt das Männchen Zweige zu, reicht sie dem Weibchen zur weiteren Verarbeitung oder baut sie auch selbst ein und setzt sich immer wieder in das entstehende Nest, um mit Körperdrehungen die Mulde zu formen.

Junge Kernbeißer brauchen wie die meisten Jungvögel Eiweiß. Nicht von ungefähr ist die Eiablage zeitlich so gelegt, dass es zur Schlupfzeit der Jungen die meisten Raupen gibt. Aber auch halbreife Samen, im Kropf der Eltern vorgeweicht, sind beste Kindernahrung. Kernbeißerküken sind mit ihren langen weißen Dunen im Flokati-Look ausgesprochen hübsch. Am hübschesten aber sind sie, wenn sie hungrig die Schnäbel aufsperren: Ihre leuchtend blauroten Rachen mit knallgelber Umrandung sind ein überdeutliches Signal an die Eltern, wo bitteschön das Futter nachgefüllt werden sollte.

Nach dem Ausfliegen der Jungen im Juni füttern die Eltern noch 1 Monat lang weiter; die Sprösslinge sind jetzt noch nicht kräftig genug, um selbst Kerne knacken zu können. Bis in den August hinein bleibt die Familie zusammen; im Herbst schließen sich mehrere Familien zu größeren Trupps zusammen. Im Winter können sich an guten Futterquellen beachtliche Schwärme von bis zu 1000 Vögeln einfinden. Zu dieser Zeit stehen die Chancen am besten, Kernbeißer auch mal am Boden zu sehen. Gemessenen Schrittes watscheln sie dann umher und suchen unter dem Falllaub nach Baumsamen oder Kernen von verfaultem Fallobst.

Ein Schnabel wie ein Nussknacker

Finkenschnäbel sind das perfekte Werkzeug, um »freihändig« Samen zu knacken und zu enthülsen. Neben scharfen Schnabelkanten haben die Vögel im Gaumen ein kompliziertes Relief, in das der zu knackende Samen genau eingeklemmt werden kann. Sitzt der Samen fest, wird der Unterschnabel dagegen gedrückt und die Samenhülle zerquetscht. Anschließend schält der Vogel mit der Zunge die Hülse ab, wirft sie mit einer schnellen Schleuderbewegung weg und schluckt das Korn hinunter. Kernbeißer haben darüber hinaus noch zwei fein gezackte Höcker auf jeder Seite der Schnabel-Mittellinie, sowohl oben wie unten. Diese Höcker sorgen dafür, dass der Druck beim Knacken harter Samen gleichmäßig auf alle Muskeln verteilt wird. Der Effekt ist verblüffend: Ein Kernbeißer, der gerade mal 55 g wiegt, kann mit seinem Schnabel einen Druck ausüben, der 45 kg entspricht. Mit dieser Ausstattung schafft der kleine Vogel sogar Kirschkerne.

▲ ◀ Kernbeißer kapitulieren nicht einmal vor den 6 mm großen, steinharten Kernen der Weißdornfrüchte.

◀ Die Jungvögel erinnern mit ihren abstehenden Dunen an kleine Punker. Bis dieser Winzling selbst Kerne knacken kann, vergehen noch ein paar Wochen. Weit länger als andere Vogeljunge sind Kernbeißerjunge auf die fütternden Eltern angewiesen.

Der Legende nach hat der Stieglitz sein rotes Gesicht ehrenhaft erworben: Er versuchte, Jesus am Kreuz einen Dorn aus der Haut zu ziehen.

Stieglitz (Distelfink)

Carduelis carduelis

Merkmale

- etwa so groß wie eine Kohlmeise
- schwarz-weiß-roter Kopf
- leuchtend gelbes Flügelband

Wieder mal ein Vogel, der seinen Namen zitiert: Der Lockruf des Stieglitz hört sich tatsächlich an wie »stiglitt«. Die zierlichen Finken mit dem papageienbunten Gefieder bestechen vor allem durch ihre Optik. Der Distelfink – so sein Zweitname – war denn auch bis Anfang des 20. Jahrhunderts einer der häufigsten Insassen von Vogelvolieren und Käfigen, und bevor exotische Vögel wie Wellensittiche und tropische Prachtfinken in Mode kamen, war er ein beliebter Blickfang in feinen Salons und schlichten Bürgerstuben. Anders als beim Menschen ist bei Distelfinken die Jugend weniger schön als das Alter: Jungvögeln fehlt noch die attraktive Kopffärbung ihrer Eltern. Das markante Rot steht ihnen erst mit etwa 2 Monaten gut zu Gesicht.

Stieglitze können fast mit Meisen konkurrieren, wenn es um turnerische Qualitäten geht. Und ihre Geschicklichkeit, Samen auch im Seithang, kopfüber oder im Klammergriff an senkrechten Stängeln zu ernten, haben den Finken Futterquellen eröffnet, die so leicht kein anderer Singvogel nutzen kann. Distelfinkenschnäbel sind Pinzetten für Feinmotoriker. Männchen können mit ihren etwas längeren Schnäbeln auch die Köpfe von Kugeldisteln bearbeiten, die

Weibchen verschlossen bleiben. Und Stieglitze sind überhaupt die einzigen Vögel, die Kardensamen aus ihren Futteralen pulen können. Die sitzen nämlich ganz unten in langen Röhren und brauchen quasi Uhrmacherwerkzeug.
Stieglitze haben sich fast exklusiv auf vegetarische Diät verlegt. Selbst ihre Jungen ziehen sie nicht mit Insekten auf, wie das die meisten Singvögel tun, sondern verabreichen ihnen vorgeweichte Samen aus dem Kropf. Nur als kleines Zubrot gibt es gelegentlich ein paar Blattläuse.

Born to be wild

Was ist eine Ruderalfläche? Ein Stieglitz würde sagen, »das Beste, was sich unsereinem bieten kann«: Eine Ruderalfläche ist ein unaufgeräumtes Stück Landschaft – zum Beispiel ein Schutthügel, ein Stück Brachland oder ein Trümmergrundstück –, wo sich besonders solche Pflanzenarten ausbreiten, die eine Menge Nährstoffe vertragen, mit Trockenheit gut zurechtkommen, schnell wachsen und sich massenhaft vermehren.
Vor allem der letzte Punkt ist es, der den Stieglitzen die Ruderalflächen so sympathisch macht: Pflanzen wie Gänsefuß, Disteln, Kletten, Natternkopf, Huflattich und Melde produzieren eine Unmenge von Samen und bieten den zierlichen Vögeln ein erstklassiges Nahrungsdepot. Nach dem Krieg sah man die bunten Schwärme auffällig häufig im Bereich von Trümmerfeldern oder entlang zerbombter Gleisanlagen.
Nun können wir nicht gut Kriegsfolgen konservieren, nur um einem hübschen Vogel die Verpflegung zu sichern, doch wilde Winkel lassen sich ja auch anderswo erhalten: Ver»un«krautete Wegraine und Bahndämme, verwilderte Gartenecken, Viehweiden und naturbelassene Wiesen in Parks und Friedhöfen – all das sind für Stieglitze geeignete Lebensräume.

▲ Im Vergleich zu ihren papageienbunten Eltern wirken Distelfinkjunge ziemlich farblos.

► Auf verwildertem Land, wo »Un«kraut noch ungestört wuchern darf, finden sich oft große Schwärme von Stieglitzen ein.

Erlenzeisige klettern fast so gut wie Meisen.

Erlenzeisig

Carduelis spinus

Merkmale

- dunkle Flügel mit grüngelbem Band
- Männchen mit schwarzer Kappe und schwarzer Kehle
- Unterseite schwarz gestrichelt

Der Vogel mit der schwarzen Schiebermütze müsste eigentlich nicht Erlenzeisig, sondern Fichtenzeisig heißen, denn von Fichten hängt sein Wohl und Wehe ab. Am liebsten bauen die kleinen Vögel in den äußeren Zweigen von Fichten (und anderen Koniferen) ihre gut mit Flechten getarnten Nester; Fichtensamen sind die Basisnahrung der Altvögel und – vorgeweicht im Kropf der Eltern – die Babynahrung für die Jungen. Und in guten Fichtenjahren können die Paare schon deutlich früher anfangen zu brüten als üblich.

Erst wenn die Fichten abgeerntet sind, machen sich die Erlenzeisige mit ihren Jungen auf die Suche nach anderer Nahrung. Gekonnt stochern sie dann die Körnchen aus den Samenständen von Mädesüß, Disteln und Ampfer und turnen fast so geschickt wie Meisen an den äußersten Zweigenden von Bäumen und Sträuchern herum.
Im Herbst ziehen Erlenzeisige nicht wie viele andere Vogelarten in ein Winterquartier, sondern wandern einfach dem Nahrungsangebot hinterher. Wo gerade Erlen- und Birkensamen zu finden sind, fallen sie in großen Schwärmen ein und schlagen sich die Bäuche voll; ihre »weinerlichen« Stimmen verraten sie schon von weitem. Ist nichts mehr zu holen, ziehen sie weiter. Da die Vögel ihre Wanderungen »von Fall zu Fall« regeln, können auch mitten im Winter plötzlich Schwärme von Erlenzeisigen auftauchen und ebenso plötzlich wieder verschwinden.

Unübersehbar: Der Girlitz ist ein Verwandter des Kanarienvogels. Sein Gesang ist allerdings eher Geräusch als Ohrenschmaus.

Girlitz

Serinus serinus

Merkmale

- »pummelig«, sehr kurzer Schnabel, etwa so groß wie eine Blaumeise
- Kopf, Brust und Bürzel beim Männchen leuchtend gelb, beim Weibchen blasser
- Rücken und Seiten braun gestrichelt

Er hat es gern warm, und damit ist der Girlitz vermutlich einer der Nutznießer des »global warming«. Der kugelige, goldgelbe Vogel wird zwar schon in den Vogelbüchern des frühen 19. Jahrhunderts als einheimischer Sänger vorgestellt, doch seine Vorfahren lebten traditionell im Mittelmeerraum. Das scheint sich mit jedem Jahrzehnt stärker zu ändern. Seit Mitte des 20. Jahrhunderts ist der Girlitz sogar registrierter Brutvogel in Dänemark und Schweden. Den Winter aber verbringt er nach wie vor am Mittelmeer.

Dass der kleine Fink ein Verwandter des sangesfreudigen Kanarienvogels ist, würde man aus seinem klirrenden, rasselnden Gesang nicht gerade schließen (Kenner vergleichen seine Stimme mit dem Geräusch eines rostigen Kinderwagens). Seinen Namen verdankt er seinem Flugruf »girlitt«. Was dem Girlitz an vokaler Klasse fehlt, ersetzt er durch Ausdauer, ja Hartnäckigkeit. In schmetterlingsartigen Schauflügen wirft sich das pausenlos singende Männchen von einer Seite auf die andere und landet schließlich, immer noch ununterbrochen singend, auf einer Baumspitze oder Fernsehantenne.

Da der Girlitz abwechslungsreiche Landschaften mit Hecken und eingestreuten Bäumen liebt und sogar eine Schwäche für Koniferen zu haben scheint, sind Parks, Gärten und Friedhöfe genau sein Fall. Sein kunstvoll mit Gespinsten verwobener Nestnapf aus Gras, Wurzeln, Bast und Moos, der weich mit Federn, Haaren und Pflanzenwolle ausgepolstert ist, verkörpert sozusagen die Idee des kuscheligen Nestes. Girlitze sind konsequente Vegetarier: Selbst die Jungen werden nicht wie die meisten Singvogeljungen mit Insekten, sondern mit einem Müsli aus vorgeweichten Pflanzensamen aufgezogen.

Goldammer

Emberiza citrinella

Merkmale

- so groß wie ein Spatz
- Oberseite dunkel gestreift, rostroter Bürzel
- beim Männchen Kopf und Unterseite goldgelb

Die Goldammer ist vermutlich ein Mitbringsel unserer Vorfahren. Man nimmt an, dass die Vögel schon den ersten wandernden Menschenhorden nach Westen gefolgt sind. Diese Menschen lichteten die dichten europäischen Urwälder und schufen daraus allmählich das abwechslungsreiche Mosaik aus Wald, Feldern, Hecken und Feldgehölzen, das dem ursprünglichen Lebensraum der Goldammer so ähnlich ist: den Waldsteppen des Ostens.

Der Gesang der Männchen tut sich zwar nicht gerade durch große Raffinesse hervor, dafür legen sie sich aber auch besonders früh im Jahr ins Zeug: Schon im Februar zur Zeit der Schneeschmelze ist ihr »zizizizidü« zu hören, das Beethoven sogar zu seiner fünften Symphonie inspiriert haben soll. Einen singenden Goldammermann auszuspäen, ist keine Kunst: Die Sänger präsentieren sich

Oft ist der Gesang der Goldammermännchen schon im Februar zu hören.

wie auf einer Bühne, am liebsten auf den obersten Zweigen von Büschen oder auf Zaunpfählen. Wenn sich ein Weibchen vom Gesang hat beeindrucken lassen, gibt ihm das Männchen zu verstehen, wie es sich den weiteren Verlauf der Dinge vorstellt: Immer wieder hebt es Grashalme auf, hält sie eine Weile im Schnabel und lässt sie dann wieder fallen. Vermenschlicht ausgedrückt: »Wie wär's mit einem gemeinsamen Nest?«

Ihre Nester bauen

Goldammern an Böschungen direkt auf den Boden oder in die untersten Etagen dichter Büsche. Deshalb verlieren sie trotz bester Tarnung eine Menge Junge an Marder, Hermeline oder sogar Igel. Doch bei 2 Bruten pro Jahr mit jeweils bis zu 8 Eiern lassen sich solche Abgänge problemlos wettmachen.
Was die Vögel indessen ernsthaft in Bedrängnis bringt, ist die Veränderung der Landwirtschaft und damit auch der Landschaft: Flurbereinigung, Asphaltierung von Feldwegen, Beseitigung von Hecken und Feldgehölzen vernichten ihre Lebensgrundlage. In Holland steht die Goldammer schon auf der Roten Liste.

Ein goldrichtiges Heilmittel

Ob es nun an ihrer Häufigkeit lag oder an ihrem Wohlgeschmack: Goldammern landeten jedenfalls früher zahlreicher auf Tellern und Vogelrosten als die meisten anderen Singvögel (von Lerche und Wacholderdrossel einmal abgesehen). Die Vögel wurden gefangen und dann mit Hirse und Hafer gemästet, bis sie das Doppelte ihres Normalgewichts erreicht hatten. Dennoch war ein Goldammer-Appetithappen mit einem Groschen immer noch ein billiges Vergnügen, gemessen am »Kaviar der Wildvogelküche«, dem Ortolan, für den schon mal der Preis eines ganzen Dukaten fällig war. Doch Goldammerfleisch war nicht nur als Gaumenkitzel, sondern mehr noch als Mittel gegen Gelbsucht begehrt. Nach dem alten Grundsatz, Gleiches mit Gleichem zu bekämpfen – also Gelb gegen Gelb –, griff man auf den kleinen Vogel zurück, wenn die normalen Hausmittel versagten.
In Belgien war man sogar überzeugt, es genüge schon, eine Goldammer nur anzustarren. Der Vogel würde dann die Krankheit auf sich ziehen, tot umfallen und der Kranke sei von seinem Leiden frei.
Alles Quacksalberei? Heute ist man mit solchen Urteilen nicht mehr ganz so schnell bei der Hand. Es ist mittlerweile bekannt, wie stark Autosuggestion und Glaube auf die Selbstheilungskräfte wirken. So gesehen könnten Goldammern wirklich Gold wert gewesen sein.

Goldammern bauen ihre Nester am Boden oder dicht darüber. Kein Wunder, dass Eier und Junge oft in fremden Mägen landen.

Kohlmeise

Parus major

»Du hast wohl 'ne Meise« müsste eigentlich ein Kompliment sein: Kohlmeisen sind hochintelligent.

Merkmale

- etwa so groß wie ein Spatz
- schwarzer Kopf mit weißen Wangen
- Oberseite grün bis graublau, Unterseite gelb mit schwarzem Mittelstrich

Was Kohlmeisen in der Brutzeit leisten, ist pure Selbstausbeutung. Jedes der Eier, die das Weibchen legt, wiegt so viel wie ein Zehntel ihres Körpergewichts. (Man stelle sich nur mal vor, unsereins müsste 12 Tage lang jeden Tag einen 12-Pfünder zur Welt bringen!) Kein Wunder, dass die Kohlmeisin in der Zeit der Eiablage fressen muss wie ein Scheunendrescher. Nur weil das Männchen ihr zusätzlich Raupen und Insekten zuträgt, kommt sie auf ihre Kosten. Auch während sie brütet und die frisch geschlüpften Jungen unter ihrem Gefieder wärmt, wird sie vom Männchen mitversorgt.

Sobald die Jungen

mit etwa 4–5 Tagen nicht mehr ganz so wärmebedürftig sind, fliegen beide Eltern auf Futtersuche – eine Aufgabe, die sie von Sonnenaufgang bis Sonnenuntergang in Bewegung hält. Zu Spitzenzeiten kommen die Altvögel im Minutenrhythmus mit Futter an die Bruthöhle; an einem 16-Stunden-Sommertag kommen da schon mal 1000 Futterflüge zusammen.

Manchmal allerdings nehmen die Kohlmeisenjungen trotz bester Fütterung ein trauriges Ende: Ihre Eltern halten nämlich instinktiv alles Dunkle, Hohle für eine taugliche Bruthöhle, und das kann auch mal ein Briefkasten oder ein Ofenrohr auf der Mülldeponie sein. Solange die Jungen in dieser Ersatzhöhle gefüttert werden, ist alles in bester Ordnung. Doch wenn die Kleinen flügge sind und ihr »Nest« verlassen wollen, wird es dramatisch: An den glatten Metallwänden können sie nicht hochklettern. Ihre Kinderstube wird zum tödlichen Gefängnis.

Drum singe, wem Gesang gegeben

Jeder weiß, dass Vögel singen, um ihr Revier zu verteidigen. Dass sie manchmal auch lügen, um Rivalen fern zu halten, ist weniger bekannt. Besonders routinierte »Schwindler« sind Kohlmeisen. Biologen haben festgestellt, dass Kohlmeisen-Männchen bis zu 6 verschiedene Gesangstypen beherrschen. Sie haben außerdem beobachtet, dass die Vögel meist dann auf den nächsten Gesangstyp übergehen, wenn sie den Sitzplatz wechseln. Diese Strategie hinterlässt bei durchziehenden Artgenossen auf Reviersuche den Eindruck, als würden sich in diesem Revier nicht **ein** Männchen, sondern viele herumtreiben. Würde der Neuling versuchen, sich hier niederzulassen, müsste er sich also nicht nur mit (vermeintlich) vielen Gegnern auseinander setzen; er hätte es außerdem in einer mit Kohlmeisen (scheinbar) randvoll besetzten Gegend schwer, genügend Nahrung für seine Jungen zu finden. Und er müsste auch noch mit dem Handikap fertig werden, dass eine hohe Siedlungsdichte an Kohlmeisen die Aufmerksamkeit von Räubern auf sich zieht. All das kann für den Reviersucher nur bedeuten, dass er gut daran tut, weiterzuziehen und sich anderswo nach einem Brutrevier umzusehen. Der »Schwindel« des Revierinhabers hat seine Wirkung getan.

► Brust raus, Kopf hoch – so drohen Kohlmeisen.

►► Bis 15 Junge gibt's pro Brut.

Blaumeise

Parus coeruleus

Merkmale

- Oberkopf, Flügel und Schwanz leuchtend blau
- Rücken grün, Unterseite gelb
- Kopfseiten und Stirn weiß, schwarzer Augenstrich

Blaumeisen mit ihrer pummeligen Gestalt und dem runden Kopf sind der Inbegriff des niedlichen Vogels. Ihre Winzigkeit hindert sie allerdings nicht daran, sich energisch gegen weit größere Konkurrenz am Futterhäuschen zur Wehr zu setzen. In den blau-gelben Federbällen steckt mehr Kraft als man meinen möchte. Mit einer simplen Grundtechnik – Draufhacken und Rauspflücken – erschließen sie sich eine beachtliche Bandbreite an Futterquellen: Sie stemmen Rindenstücke weg, um an darunter versteckte Insektengelege zu kommen; sie hacken Sonnenblumenkerne auf und pulen das ölhaltige Innere heraus; sie picken Löcher in Kirschen, ziehen die Haut in Streifen ab und verspeisen das leckere Fruchtfleisch; sie hacken im Winter Löcher in hohle Pflanzenstängel und holen sich die darin überwinternden Spinnen und Insekten. Und einige

Blaumeisen sträuben bei Erregung ihre charakteristischen blauen Kopffedern.

besonders innovative Blaumeisen kamen in den 30er-Jahren im englischen Southampton sogar darauf, dass man die Foliendeckel von Milchflaschen aufhämmern und anschließend die Sahne abschöpfen kann – eine Erfindung, zu der man wirklich nur sagen kann: erste Sahne!

Blaumeisen leisten aber auch auf anderem Gebiet Beachtliches: Sie produzieren die größten Gelege aller Singvögel! Bis zu 19 Eier wurden bei ihnen schon gezählt! Dafür muss es aber auch bei einem Gelege bleiben, denn nur in der besonders raupenreichen Frühjahrs- und Frühsommerzeit haben die Eltern die Chance, ihre vielköpfige Brut satt zu bekommen. Wenn die Jungen nach knapp 3 Wochen die Bruthöhle verlassen haben, ist die ganze Familie oft noch 2 Wochen oder länger gemeinsam unterwegs. Solche Familienausflüge sind nicht zu überhören: Während die Jungen Blätter und Zweige nach winzigen Krabbeltieren absuchen, wispern und tuscheln sie, als führten sie pausenlos Selbstgespräche.

Reservekinder

Noch bevor das Blaumeisen-Weibchen die beiden letzten Eier gelegt hat, fängt es an zu brüten. Genau 2 Wochen später schlüpfen etwa 8 Junge. Wenn schließlich die beiden letzten Jungen mit 1 beziehungsweise 2 Tagen Verspätung aus ihrer Schale gekrochen sind, haben die Geschwister schon einen wertvollen Vorsprung; sie sind schwerer, stärker und durchsetzungsfähiger als sie. In einem raupenreichen Frühjahr leiden die beiden Nachzügler nicht sonderlich unter ihrem späten Start: Die Eltern bringen so viel Futter zum Nest, dass auch für sie noch genug abfällt. In kühlen, regnerischen Jahren aber, wenn die Insekten rar sind, füttern die Eltern bevorzugt die Jungen, die sich am deutlichsten bemerkbar machen – und das sind eben die älteren. Die beiden Spätlinge bleiben immer mehr in der Entwicklung zurück und werden immer apathischer. Schließlich sind sie so schwach, dass sie kaum noch den Schnabel aufsperren, wenn die Eltern mit Futter kommen, und gehen inmitten ihrer voll gefressenen Geschwister zugrunde. Solche »Reservekinder«, die nur in idealen Jahren eine Überlebenschance haben, gibt es bei vielen Kleinvögeln. Uns mag das Verhalten der Vogeleltern »ungerecht« vorkommen. Doch so hart es klingt: Für die Meisen ist es sinnvoller, in einem schlechten Jahr wenigstens ein paar kräftige Junge aufzuziehen, als ein ganzes Nest voll geschwächter Mickerlinge ins Leben zu entlassen.

◄ Wenn es um geeignete Bruthöhlen geht, irren sich Blaumeisen manchmal gewaltig: Ohne Steighilfe wären die Jungen, die in dieser Bodenvase aufwachsen, unweigerlich verloren.

◄◄ Wer viele Feinde hat, muss viele Junge haben: Blaumeisen packen bis zu 19 Eier in ein einziges Gelege. So viele Jungen haben aber nur in futterreichen Jahren eine Überlebenschance.

Tannenmeisen sind Spezialisten für Koniferenfragen. Die Fichte ist ihr Brotbaum.

Tannenmeise

Parus ater

Merkmale

- kleiner als eine Blaumeise
- schwarzer Kopf, weiße Wangen, weißer Nackenfleck
- Unterseite beige, ohne Mittelstrich

Bei der Tannenmeise ist der Name Programm: Die kleinste Meise Mitteleuropas ist Spezialist für Nadelbäume. Sie gehört zu den wenigen Vogelarten, die aus der leidigen »Verfichtung« europäischer Wälder ihren Nutzen ziehen können. Mehr noch als andere Meisen beeindrucken die Winzlinge in der Disziplin »Geräteturnen«: Wenn eine Tannenmeise an den äußeren dünnen Zweigen der Fichten und Tannen auf Nahrungssuche geht, spielt sie ihre ganze Wendigkeit aus, klammert sich mit ihren Zehen an Zweige und Zapfen, hechtet davontrudelnden Fichtensamen hinterher und sondiert viel versprechende Stellen im hubschrauberartigen Rüttelflug. War die Futtersuche besonders erfolgreich, legt sie den Überschuss für schlechte Zeiten zurück – natürlich zwischen die Nadeln an die äußersten Zweigenden, wo sich kaum ein anderer Vogel hinwagt.

Die menschliche Nähe suchen Tannenmeisen zwar längst nicht so bedenkenlos wie die beiden »Vorzeigemeisen« Kohlmeise und Blaumeise, doch in Gärten und am Futterhaus sind sie vor allem im Winter immer wieder zu sehen. Auch für Nistkästen sind Tannenmeisen durchaus zu haben, werden allerdings oft von den stärkeren Kohlmeisen daraus vertrieben. Ist der Andrang auf die begehrten Bruthöhlen zu stark, können Tannenmeisen notfalls in Felsspalten oder sogar Mauselöchern brüten.

Als Standvögel machen sich Tannenmeisen nicht wie viele andere Vögel im Herbst auf die Wanderschaft. Dennoch kommt es immer wieder zu massenhaften Wanderbewegungen – besonders dann, wenn ihre Haupt-Winternahrung, die Fichtensamen, knapp werden. Ornithologen nennen solche Fälle von spontanen Großwanderungen »Evasionen«.

Ein Fliegengewicht wie die Sumpfmeise kann selbst an den äußersten Zweigspitzen noch Futter suchen.

Sumpfmeise

Parus palustris

Merkmale

- kleiner als eine Blaumeise
- obere Kopfhälfte und Kinn schwarz
- Unterseite hellbeige, ohne Mittelstrich

Sümpfe werden selten im durchzivilisierten Europa. Also wird wohl auch die Sumpfmeise selten werden, denkt sich der interessierte Laie – und irrt sich, zum Glück: Die kleine Meise gehört in die Reihe der Singvögel, die es geschafft haben, sich in neuen Lebensräumen einzurichten. Zwar geben Sumpfmeisen feuchten Wäldern mit möglichst vielen alten Bäumen jederzeit den Vorzug, doch haben sie sich schon vor etlichen Jahrzehnten auch in Obstgärten, Parks, Gärten und Alleen locken lassen und sind sogar zu eifrigen Nistkastennutzern geworden.

Bevor ein Paar Sumpfmeisen eine künftige Kinderstube bezieht, inspizieren die beiden erst ausgiebig alle möglichen und unmöglichen Angebote der Umgebung. Egal ob sie sich für einen Nistkasten oder eine Naturhöhle entscheiden: Ohne Maßarbeit geht gar nichts. Auf jedem Domizil wird erst mal ordentlich herumgehackt. Manche Höhlen werden vom Weibchen nach Bedarf erweitert, bei anderen wird auch nur das Einschlupfloch nachgearbeitet, und manchmal legt die Meisin ihre Bruthöhle sogar in Eigenarbeit in einem ausgefaulten Baumstrunk an.

Sumpfmeisen sind Standvögel wie aus dem Lehrbuch: Wo sie sich einmal angesiedelt und wo sie gebrütet haben, dort bleiben sie auch – es sei denn, widrige Umstände lassen ihnen keine andere Wahl und zwingen sie zum Abwandern. Doch selbst in Krisenzeiten lassen sie sich nicht weit vertreiben. Die größte Wanderstrecke, die Sumpfmeisen in Mitteleuropa zurückgelegt haben, betrug 120 km.

Kleiber

Sitta europaea

Kein anderer einheimischer Vogel kann kopfunter einen Stamm hinunterklettern!

Merkmale

- schiefergrauer Rücken, gelblicher bis rostroter Bauch, schwarze »Zorro-Maske« über den Augen
- etwa so groß wie ein Spatz
- langer, kräftiger Meißelschnabel
- klettert kopfunter ebenso geschickt wie baumaufwärts

Wie kommt die Sonnenblume auf den Ahorn? Vermutlich hat ein Kleiber sie dort angesät. Kleiber haben nämlich einen ausgeprägten Drang, sich gegen schlechte Zeiten abzusichern. Im Herbst, wenn die Insekten knapp werden, dafür aber Bucheckern, Hainbuchenfrüchte und Haselnüsse reif sind, fangen sie an zu hamstern: Stück für Stück stopfen sie Fressbares in Baumspalten und Rindenritzen – Vorräte für Notzeiten.

Kleiber sind im Klettern selbst Spechten überlegen. Die Meister des Free-Climbing huschen nicht nur jeden Stamm hinauf, sondern ebenso geschickt auch wieder hinunter – mit dem Kopf voran, was kein Specht schaffen würde. Der Trick dabei: Kleiber setzen im Wechsel immer nur einen Fuß vor, während der andere mit fest eingehakten Krallen wie eine Bergsteigersicherung funktioniert. In dieser Klettertechnik arbeiten sie sich auch an entlegenste Stellen vor, sondieren Rindenritzen und stemmen lose Borke ab, immer auf der Suche nach Spinnen, Insekten und ihren Larven.

Doch das Merkwürdigste an den kleinen Vögeln mit der schwarzen Augenbinde sind ihre Gepflogenheiten beim Nestbau. Mit lehmiger Erde, die sie Schnabel für Schnabel einfliegen, mörteln sie so lange am Eingang ihrer Bruthöhle herum, bis das Einschlupfloch nur noch etwa 3,5 cm Durchmesser hat – gerade groß genug für einen Kleiber und viel zu eng für Konkurrenten wie Stare oder Tauben. Diese Angewohnheit ist es auch, die dem Kleiber seinen Namen gegeben hat: Kleiber heißt nämlich nichts anderes als Kleber.

Mit Lehm mörteln sich Kleiber ihre Einschlupflöcher passformgenau zurecht.

Baumläufer können dank ihrer feinen Schnäbel und ihrer überragenden Klettertechnik auch aus feinsten Ritzen noch Insekten zutage fördern.

Gartenbaumläufer

Certhia brachydactyla

Merkmale

- Gefieder rindenartig braun gefleckt, Bauch und Kehle weiß
- kleiner als ein Spatz
- Schnabel schlank und leicht abwärts gekrümmt
- Stützschwanz, mit dem sie sich beim Klettern am Stamm abstützen

Wer einen Baumläufer den Stamm hinaufhuschen sieht, hält ihn auf den ersten Blick für eine besonders geländegängige Maus. Die Krallen eingehakt, die Schwanzfedern nach unten gegen die Rinde gestemmt, huscht er in Spiralen den Baum hinauf und durchsucht mit seinem dünnen Schnabel feinste Rindenritzen nach Käfern, kleinen Spinnen oder Raupen. Grobe Rinde bietet Baumläufern natürlich eine griffigere Kletterunterlage als glatte; außerdem verbirgt sich in den Rissen und Spalten schrundiger Borke weit mehr Fressbares als auf glatter Baumhaut.

Kein Wunder, dass glatte Jungbäume oder reine Rotbuchenwälder deshalb bei Baumläufern wenig beliebt sind. Ihr Ideal sind Wälder mit runzeligen Baumveteranen. Und da sich solche Gestalten oft in Parks, Gärten und Alleen finden, ist der Gartenbaumläufer ins Umfeld des Menschen eingewandert. Im Winter, wenn Insekten schwerer zu finden sind, suchen die Vögel oft an einem einzigen Tag bis zu 300 Bäume ab und legen dabei an die 3 km zurück.

Wer ein Baumläufernest finden will, braucht schon den Blick des Kenners: Die Vogelzwerge ziehen ihre Brut hinter abstehenden Rindenstücken, in engen Baumritzen, manchmal auch in Holzstößen und Gebäudespalten auf; selbst ein knapp zweifingerbreiter Spalt genügt ihnen schon als Einschlupf. Oft deuten nur ein paar verräterisch herausragende Grashalme oder Zweige auf das Baumläufernest hin. Solche Rindenspalten sind auch später im Jahr sehr beliebt: In kalten Nächten kuscheln sich oft bis zu 20 Baumläufer an geschützten Übernachtungsplätzen aneinander (vgl. Foto S. 25).

Neuntöter (Rotrückenwürger)

Lanius collurio

Das Neuntötermännchen stimmt das Weibchen durch Balzfüttern auf das kommende Brutgeschäft ein.

Merkmale

- etwas größer als ein Spatz
- rotbrauner Rücken, helle, beim Weibchen gebänderte Unterseite
- Männchen mit schwarzer »Zorro«-Maske, grauem Oberkopf und Bürzel
- Weibchen mit graubraunem Oberkopf und Bürzel

Neuntöter oder Rotrückenwürger sind ungemein vielseitige Jäger. Bei gutem Wetter sausen sie nach Art der Grauschnäpper hinter Flugbeute her. An Regentagen verlegen sie sich auf Bodenbeute und lassen sich von ihrem Ansitz aus auf Heuschrecken, Grillen, Käfer oder sogar Eidechsen und Mäuse herunterplumpsen. Oder sie gehen wie Turmfalken aus dem Rüttelflug heraus auf die Jagd. Wehrhafte Wespen entstacheln sie geschickt, und sogar kleine Singvögel fallen manchmal ihrem hakenbewehrten Schnabel zum Opfer.

Zwei Dinge brauchen Neuntöter, um (über)leben zu können: Einen exponierten Sitzplatz, nicht höher als 3 m über dem Boden, und reichlich Insekten, denn von den paar Fröschen, Eidechsen und Mäusen, die ihnen gelegentlich vor den Schnabel kommen, könnten sie nicht leben; Insekten machen den Löwenanteil ihrer Nahrung aus. Ihr Ideal sind Heckenlandschaften mit vielen Dornbüschen, in denen sie ihre Lauerposten beziehen, ihre Vorratslager anlegen und ihre Nester bauen können. Neben vielen anderen Heckenbewohnern hatten denn auch Neuntöter massiv unter der Flurbereinigung alten Stils zu leiden.

Wenn die Vögel ab Ende April aus ihrem Winterquartier im tropischen Afrika zurückkehren, besetzen sie oft wieder ihre alten Reviere. Und da Männchen wie Weibchen gleichermaßen ortskundig sind, halten Neuntöter-Ehen bisweilen jahrelang: Beide Partner sind gewissermaßen mit ihrem Revier verheiratet und finden so unweigerlich wieder zusammen. Die »sprachbegabten« Männchen ahmen gerne andere Vogelstimmen nach.
Am leichtesten lassen sich Neuntöter beobachten, wenn die noch kaum flüggen Jungen das Nest verlassen haben und lautstark bettelnd nach Futter verlangen. Gegen diskrete Zaungäste haben Neuntöter übrigens nichts einzuwenden: Sie sind wenig scheu und brüten selbst in Hecken neben viel begangenen Spazierwegen.

Spießgesellen

Unsere Vorfahren müssen mächtig beeindruckt von den Gepflogenheiten des Rotrückenwürgers gewesen sein. »Würgengel« oder »Neuntöter« nannten sie deshalb den Vogel, der die Angewohnheit hat, an guten Jagdtagen Depots für schlechte Zeiten anzulegen: Heuschrecken, Käfer, Schmetterlinge, aber auch kleine Frösche, Eidechsen oder sogar Vogeljunge spießt der Neuntöter säuberlich auf Dornen – zugegeben, ein etwas makaberer Anblick. Von diesen praktischen Fleischerhaken kann der Vogel dann seinen Tagesbedarf Stück für Stück herunterpicken: Halterung und Vorratslager in einem.
Junge Neuntöter müssen die Feinheiten des Aufspießens erst lernen. Zwar wischen sie schon als knapp flügge Junge instinktiv mit Nahrungshappen im Schnabel an Zweigen entlang, aber erst mit wachsender Übung lernen sie, dafür den richtigen Zweig mit dem passenden Dorn auszuwählen. Übrigens müssen es nicht immer Dornen sein. Einige Vögel haben die Vorzüge von Stacheldraht erkannt und rammen ihre Beute nun auf Draht- statt auf Schlehen- oder Weißdornstacheln.

▲ Waidmannsheil! Der Neuntöter hat eine Maus getötet und aufgespießt.

► Bei Gefahr tun die jungen Neuntöter instinktiv das Richtige, nämlich gar nichts. Sie erstarren, sehen aus wie leblose Rindenstückchen – und entgehen so jagenden Raubfeinden.

Rauchschwalbe

Hirundo rustica

Kaum ein anderer Vogel lässt sich bei der Aufzucht seiner Jungen so entspannt über die Schulter schauen wie die Rauchschwalbe.

Merkmale

- Gabelschwanz mit langen Schwanzspießen
- Stirn und Kehle rotbraun
- Oberseite metallisch blau, Unterseite rahmfarben

Rauchschwalben haben ganz gern ein Dach über dem Kopf, und zwar am liebsten ein menschengemachtes. Von allen Vögeln, Spatzen und Tauben eingeschlossen, haben Rauchschwalben die geringste Scheu vor menschlicher Nähe – aus gutem Grund: In vor Fliegen surrenden Kuhställen ist ein Nest voll hungriger Junger bequem satt zu bekommen, und die Nähe des Menschen schützt weitgehend vor Nesträubern. Auf alle Fälle haben die wohnlichen Nistmulden auf Griffweite und (manchmal) Augenhöhe des Menschen Rauchschwalben schon früh den Ruf besonderer Menschenfreundlichkeit eingetragen.

Zu dieser scheinbar bedingungslosen Nähe kamen noch andere Eigenheiten, die dem Menschen sympathisch sind: Rauchschwalben bleiben ihrem Nistplatz über Jahre treu. Findet man ein altes Nest wieder besetzt, darf man mit einiger Wahrscheinlichkeit annehmen, alte Bekannte anzutreffen. Und sollte der ursprüngliche Besitzer verunglücken, findet das Nest schnell neue Eigentümer, die den Altbau sorgfältig renovieren. Manche der gemörtelten Schalen sind erwiesenermaßen 25 Jahre lang in Gebrauch gewesen.

Sympathisch wirkt auch, wie Rauchschwalben ihre Jungen aufziehen: Der Nachwuchs wird zum Beispiel regelrecht »gewindelt«; bis zum 4. Lebenstag verschlucken die Vogeleltern die umhäuteten Kotballen ihrer Jungen einfach, später tragen sie sie meist weg (was übrigens auch andere Singvögel tun). Ab dem 7. Lebenstag endlich, wenn die Jungen selbst den Weg zum Nestrand finden,

können die Eltern den Windeldienst aufgeben.
Bei Temperaturstürzen, wenn die Altvögel unmöglich Nahrung für ihre Brut erbeuten können, haben Schwalben und auch Mauersegler eine sehr wirksame Notlösung: Die Jungen verfallen dann in einen Zustand der Starre, in dem sie eine gewisse Zeit überbrücken können.

Der Baumarkt der Schwalben: Rund 1000 Lehmklümpchen müssen die Vögel aufsammeln, bevor ein Nest entstanden ist.

Katastrophen sind relativ

In manchen Jahren ist der Winter schneller als die Schwalben. Wenn sich im Frühherbst anhaltende Schlechtwetterfronten zwischen die abflugbereiten Schwalbentrupps und das rettende Winterquartier in Afrika schieben, droht ein Massensterben. 1974 war so ein Katastrophenherbst. Klamme, flugunfähige Schwalben saßen überall unter Dachvorsprüngen und an Hauswänden. Freiwillige Helfer sammelten die Vögel zu Hunderten ein und transportierten sie per Bahn, Privat-Pkw und sogar Flugzeug über die Alpen. Doch so seltsam es klingt: Nicht solche »Schwalbenkatastrophen« sind es, die den Vögeln das Leben schwer machen. Selbst Einbrüche von bis zu 30% können durch ungewöhnlich gute Bruterfolge in wenigen Jahren wieder wettgemacht werden.
Langfristig ist es nicht das Wetter, sondern der Umbruch in der Landwirtschaft, der Schwalbenbestände zurückgehen lässt. Wo Vieh nicht mehr auf die Weide getrieben wird, wo Kuhställe hermetisch verschlossen werden, der Dung fliegensicher lagert und auch der letzte Feldweg betoniert ist, finden Schwalben weder Brutplätze noch Mörtel für den Nestbau noch Nahrung für ihre Jungen. Auch hier versuchen Vogelschützer mit einigem Erfolg gegenzusteuern: Nistbrettchen, künstliche Nester und sorgfältig gewässerte »Schwalbenpfützen« machen den Rauchschwalben von Fall zu Fall das (Über-)Leben leichter.

Über Wasserflächen schwirren fast immer reichlich Insekten herum. Die Schwalbe muss nur wie ein lebender Kescher ihre Beute mit dem weit geöffneten Schnabel einlöffeln.

Mehlschwalben mörteln ihre Nester bis an die Decke und lassen nur einen Einschlupf offen. Am liebsten brüten sie in Kolonien an Außenwänden von Häusern.

Mehlschwalbe

Delichon urbica

Merkmale

- weißer Bürzel, weiße Unterseite
- Gabelschwanz
- Oberseite metallisch blauschwarz

Am liebsten kleben Mehlschwalben ihre unverkennbaren Lehmnester unter Dachvorsprünge an die Außenwände von Häusern, möglichst gleich in Reihenhausmanier eins neben das andere. Das Markenzeichen ihrer Nester ist die »ordentliche« Mörteltechnik ohne heraushängende Grashalme und die geschlossene Form der Viertelkugeln, die bis auf ein Einschlupfloch mit Wand und Dach abschließen.

Ursprünglich hefteten die Schwalben ihre Nester an die regenwassergeschützten Stellen von Felswänden, aber auch die »Kunstfelsen« des Menschen passen offenbar ins Schema, wenn nur genügend Platz für den freien Anflug da ist. Problematisch wird es allerdings, wenn die Wände zu glatt verputzt sind und keinen Halt bieten – oder wenn Ordnungsfanatiker meinen, die Nester der paar Kotkleckser wegen herunterschlagen zu müssen ...

Wenn Mehlschwalben Hunger haben, gehen sie in die Luft: In rasantem Flug mit Spitzengeschwindigkeiten bis 74 km/h (!) erbeuten sie Mücken, Fliegen, Blattläuse, Schmetterlinge und Eintagsfliegen. Zur Höchstform laufen sie auf, wenn sie auch noch Junge zu versorgen haben. Verhaltensforscher Niko Tinbergen hat ermittelt, dass ein Schwalbenpaar pro Stunde rund 3500 Insekten fängt! Ihre Ausbeute verabreichen die Vogeleltern ihren Sprösslingen aber nicht Stück für Stück, sondern als eingespeicheltes Futterpäckchen. An kühlen Tagen, wenn Insekten den Flugbetrieb einschränken, sieht man Mehl- und Rauchschwalben besonders häufig über Wasserflächen jagen: Über Teichen und Seen entstehen dann oberflächennahe Warmzonen in der vergleichsweise kühlen Umgebung – ein Luftraum, der besonders voll mit Insekten ist. An solchen Tagen haben Mehlschwalben sogar Glück bei der Libellenjagd.

Die Schwalbe, die keine ist

Die vermeintlichen Schwalben, die in den Innenstädten mit schrillen »sriiii«-Rufen durch die Luft zischen, sind in Wirklichkeit mit den Schwalben nicht einmal entfernt verwandt. Mauersegler gehören in die Verwandtschaft der Kolibris.

Das Leben der Mauersegler vergeht buchstäblich im Flug: Wenn sie Hunger haben, schnappen sie im Flug nach winzigen Lebewesen im Luftmeer. Wenn sie ein Nest bauen wollen, sammeln sie im Flug Blütenblätter, Federn, Papierfetzen und Samenwolle. Wenn sie Durst haben, flitzen sie über Wasserflächen und sperren dabei die Schnäbel auf. Wenn sich Konkurrenten zu nahe an besetzte Nester heranwagen, rasen die Eigentümer ihnen mit Sturzflügen bis zu 200 km/h hinterher.

Sogar eine Mauersegler-Paarung spielt sich im Flug ab – wenn auch in gedrosseltem Tempo. Wenn der Mauersegler-Mann seine Flügel im Flug wie ein großes »V« hält, heißt das für seine Partnerin »Ich bin so weit«. Sie flattert unter ihren Partner, bis er sich im Flug auf ihren Rücken setzen kann. Und während er bei ihr andockt, gleiten die beiden langsam tiefer, wie zwei Papierflieger, die langsam an Höhe verlieren.

◄ ▲ Jedes Nest fängt mit ein paar Lehmklümpchen an.

◄ Die Schwärme sind bereit zum Abflug nach Afrika.

▲ Was tun Mauersegler gegen den ungemütlichen Fahrtwind? Sie tragen eine Art Windschutzbrille aus steifen Federn – wie die Piloten in den fliegenden Kisten.

»Die Lerche in die Lüfte steigt/der Löwe brüllt, wenn er nicht schweigt«, reimte Wilhelm Busch.

Feldlerche

Alauda arvensis

Merkmale

- etwas größer als ein Sperling
- angedeutete Federhaube
- Oberseite braun gemustert, Hals braun gestrichelt

Beim Verteidigen des Reviers setzt sich ein Amselmännchen einfach auf die höchste Baumspitze der Gegend und singt. Feldlerchen-Männer haben es da schwerer: Wo sie leben, gibt es keine Bäume, von denen aus sie ihren Revieranspruch weit tragend bekannt machen könnten. Wenn sie gehört werden wollen, müssen sie sich schon selbst nach oben bemühen. Die singende Lerche als winziger dunkler Punkt am Himmel hat unzählige Dichter und Denker beflügelt. Doch dabei wird die sportliche Seite der Angelegenheit leicht übersehen: Der unentwegt singende Lerchenmann befindet sich ja im Steigflug. Pro Sekunde gewinnt er 1 m Höhe, ohne dabei den Gesang zu unterbrechen. Eine durchschnittliche Lerchenarie dauert 4 Minuten, aber Meistersinger unter den Lerchen haben auch schon 68 Minuten lang pausenlos geträllert. Und während dieser Nonstop-Darbietung schrauben sich die Vögel manchmal bis auf eine Höhe von 400 m hoch!

So auffällig sich die singende Lerche am Himmel präsentiert, so unscheinbar wirkt sie auf dem Boden. Eine Lerche in der Ackerfurche ist eigentlich nur zu erkennen, wenn sie sich bewegt. Ihr braunes Gefiedermuster macht sie quasi zur Ackerscholle unter Ackerschollen. Tarnung ist auch für das Nest und die Jungen oberstes Gebot. Ein Lerchennest ist nichts weiter als eine gescharrte Mulde mit einer leichten Polsterung aus zarten Grashalmen; alles andere würde nur unnötig die Aufmerksamkeit von Feinden erregen. Doch auch in der bestgetarnten Nestmulde sind die Lerchenküken in weit größerer Gefahr als beispielsweise die Nestlinge einer Singdrossel hoch oben auf einem Baum.

Lerchenkinder verbessern ihre Überlebenschancen, indem sie sich möglichst früh im Halmurwald verteilen. Oft kehren sie schon nach 1 Woche ihrer dürftigen Kinderstube den Rücken und hüpfen hinter ihren Eltern her. Erst 1 Woche nach ihrem Aufbruch können sie fliegen.

Perfekte Tarnung: Eine Lerche in der Ackerfurche sieht aus wie ein Erdklumpen unter vielen.

Pfadfinder im Getreide

Der Lerchenmann hat sein Solo beendet, sinkt mit ausgebreiteten Flügeln tiefer und plumpst schließlich zielsicher zwischen die endlosen Halmreihen eines jungen Weizenfeldes. Allem Anschein nach weiß er genau, wo sein Weibchen auf den Eiern sitzt und wo er landen muss. Diese Treffsicherheit begeisterte schon den Geheimrat von Goethe: »Die Lerche steigt singend auf über einem Halmfeld, sie schwebt über einem Meere von Halmen, das der Wind hin und her wiegt, und wo die eine Welle aussieht wie die andere; sie fährt wieder hinab zu ihren Jungen und trifft, ohne zu fehlen, den kleinen Fleck, wo sie ihr Nest hat.«

Wie also stellen sie es an? Vermutlich können sie einfach von oben all die kleinen Geländemarken viel besser erkennen, die sich sogar in einem modernen Getreidefeld finden. An manchen Stellen wachsen die Halme dichter, an anderen lückiger, hier und da liegen Steine, Disteln sind stehen geblieben oder Wühlmäuse haben ihre erratischen Muster in die Halmreihen gefressen. Solche und andere kleine Unterschiede in der Monotonie des Feldes prägen sich Lerchen ein und nutzen sie als Wegmarken zu ihrem Nest.

Als ewig tirilierende Federbälle schwirren Lerchen durch Kinder- und Schulbücher. Diese Darstellung illustriert das Lied die »Vogelhochzeit«.

Lerchennester sind wenig mehr als flüchtig in den Boden gescharrte Mulden mit ein paar Grashalmen darin: Unauffälligkeit ist oberstes Gebot!

Bachstelze

Motacilla alba

Könner unter den Bachstelzen jagen außer Insekten auch Flohkrebse und winzige Fische.

Merkmale

- erwachsene Vögel mit schwarzem Oberkopf und Nacken sowie schwarzer Brust
- Jungvögel ohne schwarze Zeichen am Kopf
- wippt ständig mit dem Schwanz

Ein Volltreffer ist der Name »Bachstelze« nicht gerade: Gegen Bäche haben Bachstelzen zwar nichts einzuwenden, aber Rasenstelze oder Ackerstelze würde weit besser beschreiben, wo sich der schwarz-weiße Vogel am liebsten herumtreibt. Am besten passt zweifellos der englische Name »wagtail« (= Wippschwanz): Jeder Schritt, jede Bewegung der Bachstelze wird mit Schwanzwippen untermalt.

Bevor wir Menschen uns ausgebreitet und die Landschaft nach unserem Geschmack verändert haben, lebten Bachstelzen vermutlich an Flussufern und auf den angrenzenden spärlich bewachsenen Schotterbänken. Die Vorliebe für kahlen Boden und spärlich oder niedrig bewachsenes Gelände ist den Vögeln bis heute geblieben. Ihre Insektennahrung suchen sie sich mit Vorliebe auf Rinderweiden, frisch umgepflügten Äckern, Bauaushub, Straßenrändern und bewachsenen Dächern. Sogar frisch gemähter Parkrasen – sonst nicht gerade ein Hit in der Vogelwelt – findet bei Bachstelzen Anklang. Im hektischen Trippelschritt oder in ungemein wendigen Flugsprüngen schnappen sie dort nach Ameisen, kleinen Fliegen, Mücken und anderen Insekten.

Bei der Wahl ihrer Nistplätze sind die »Wagtails« ähnlich flexibel wie bei der Wahl ihrer Wohnorte: Ihre Vorfahren haben am Flussufer in Nischen überhängender Böschungen, Abbrüche und Wurzelteller ihre Nester gebaut. Moderne Bachstelzen finden ihre Brutnischen in den »Böschungen« der menschlichen Zivilisation und brüten auf Dachbalken, unter losen Dachziegeln oder sogar auf stillgelegten Förderbändern.

Meistens ziehen Bachstelzen 2 Bruten pro Jahr auf. Manchmal allerdings fällt die Brut auch bei bester Fütterung komplett aus: Bachstelzen gehören zu den Vogelarten, von denen Kuckucksweibchen ihren Nachwuchs aufziehen lassen. Doch die Stelzen wissen sich gegen die Brutschmarotzer zu wehren: In einer Untersuchung zeigte sich, dass sie in 11 von 14 Fällen das Kuckucksei als Fremdkörper erkannten und aus dem Nest warfen.

Ziehen oder Bleiben?

Ist die Brutzeit vorbei, vergessen Bachstelzen ihre territorialen Streitigkeiten und entwickeln einen ausgeprägten Hang zu Geselligkeit. Ab Mitte August übernachten sie an Gemeinschaftsschlafplätzen – manchmal zu Tausenden. Ab Ende August machen sich dann die ersten Trupps auf den Weg ins Winterquartier nach Südwesteuropa, in die Mittelmeerländer oder noch weiter. Das Gros folgt allerdings erst im Oktober und November nach. Doch immer wieder kommt es vor, dass einige Bachstelzen quasi versuchshalber den Winter im europäischen Brutgebiet ausharren. Solche Versuche sind vor allem in Westeuropa oder Südengland Erfolg versprechend und verschaffen den sesshaften Vögeln einen beachtlichen Startvorteil im Frühjahr: Noch bevor die Konkurrenz aus dem Winterquartier zurückgekehrt ist, haben die Daheimgebliebenen die besten Reviere beschlagnahmt. Sollten die Winter weiterhin milder werden, wird sich dieser Trend wohl noch verstärken – dann würden aus Zugvögeln eines Tages Standvögel werden.

▲ Das von Fliegen umsurrte Bastgeweih eines Rothirschs im Zoo verspricht fette Beute.

► Junge Bachstelzen tragen noch ein Kostüm in Grau und Weiß. Die schwarze Kapuze und der schwarze Latz erscheinen erst nach der Herbstmauser.

Grauschnäpper

Muscicapra striata

Ein Meisterjäger, der trotz seiner Häufigkeit leicht übersehen wird: der Grauschnäpper.

Merkmale

- schlanker und etwas kleiner als ein Spatz
- braungraue Oberseite, hellgraue Unterseite
- feine Strichelung an Kehle und Kopf

Wer in seinem Garten einen eleganten Flugartisten bei der Insektenernte beobachtet, hat vermutlich einen Grauschnäpper vor sich. Eigentlich ist der wendige Jäger in lichten Wäldern oder an Waldrändern zu Hause, aber auch Friedhöfe, Alleen, Parks und Gärten passen in sein Konzept. Von menschlicher Nähe lässt sich der unscheinbar graubraune Vogel wenig irritieren.
Ausgesprochen dickfellig zeigt sich der Grauschnäpper auch bei der

Wahl seines Nistplatzes: Er brütet gerne in Nischen und Höhlungen – und das manchmal an den kuriosesten Stellen: Da finden sich Nester dicht neben viel benutzten Türen, auf Fensterangeln direkt neben Biergartentischen, an denen sich Menschenmassen zuprosten, in Verkehrsampeln oder sogar in Türkränzen. Kein Wunder, dass dem kleinen Grauen der Ruf großer Furchtlosigkeit vorausgeht.

Wenn im Spätsommer die Insekten knapper werden, pflücken Grauschnäpper zwar auch Himbeeren und die Früchte von Hartriegel, Holunder und Traubenkirsche, doch eines Tages müssen sie doch Richtung Süden ausweichen. Die meisten starten bis Ende September, einige Trödler machen sich auch erst im Oktober auf den Weg.

Wenn die Vögel im ersten Maidrittel wieder bei uns eintreffen, haben etliche von ihnen Afrika zu zwei Dritteln der Länge nach überflogen und das Mittelmeer plus die Alpen noch dazu. Spitzenflieger schaffen Gesamtflugstrecken um 10 000 km, und an guten Zugtagen kommen sie auf Tagesleistungen von 120 km und mehr.

Immer auf dem Sprung

Kerzengerade, mit aufgeregt zuckenden Flügeln und wippendem Schwanz sitzt der Grauschnäpper auf einer Astspitze, wirft sich dann urplötzlich in die Luft, schnappt hörbar (daher auch der Name Schnäpper) nach einem vorbeifliegenden Insekt und kehrt in einer eleganten Wendung wieder auf seinen Sitzplatz zurück. Im Schnitt macht ein Grauschnäpper alle 18 Sekunden Beute!

Als Ansitz wählen die Vögel auch gerne Dinge, die sie im Umfeld des Menschen finden: Schubkarren, Spatengriffe, Zaunpfähle, Gartenzwerge dienen als Hochsitze, am liebsten natürlich in der Nähe von Fliegenschwärmen.

Die Technik, Insekten von einem festen Sitzplatz aus anzufliegen und in der Luft zu erbeuten, nennt der Fachmann »Ansitzjagd«. Aber Grauschnäpper können mehr: Sie können sich im Sturzflug auf Heuschrecken herabstürzen, können im Rüttelflug an Hauswänden Beute machen, in deren Hitzestau sich Spinnen und Falter aufhalten. Ameisen, Schnaken, Mücken, Eintagsfliegen, Schlupfwespen, Libellen, Blattläuse – Grauschnäpper nehmen, was sie kriegen können. Die größeren unter den erbeuteten Insekten schlägt der Vogel gegen eine feste Unterlage, so dass Flügel und Beine abbrechen.

Die grauen Meisterjäger zählen nicht zu den seltenen und bedrohten Singvögeln. Allerdings haben Vogelfreunde gerade unter Grauschnäppern dramatische Bestandseinbrüche in Gegenden beobachtet, in denen viel Insektengift versprüht wird. Auch anhaltende Dürreperioden in der Sahelzone können den Vögeln auf dem Zug an den Lebensnerv gehen.

Grauschnäpper sind höchst dickfellig bei der Wahl ihrer Nistplätze. Menschliche Nähe stört sie gar nicht.

Pech gehabt! Aus dem Ei des Teichrohrsängers ist ein Kuckuck geschlüpft. Doch die Altvögel »können nicht anders« als den ewig hungrigen Rachen mit Fressbarem zu stopfen.

Teichrohrsänger

Acrocephalus scirpaceus

Merkmale

- Oberseite hell olivbraun
- Unterseite heller, Kehle weiß
- schlank, etwas kleiner als ein Spatz

Der Teichrohrsänger ist weit mehr von Schilfgürteln abhängig als seine nächsten Verwandten, der Sumpf- und der Seggenrohrsänger. Während andere Vogelarten es perfekt geschafft haben, sich Ersatzlebensräume zu erobern, wenn ihre erste Wahl nicht mehr zu haben ist, braucht der Teichrohrsänger die schwingenden Schilfgürtel, die in unseren durchzivilisierten Landschaften zu den bedrohten Lebensräumen gehören. Ausweichbruten in Rohrkolbenbeständen und Weidengebüsch sind relativ selten.

Was schon ganze Generationen von Vogelfreunden entzückt hat, ist der Balzgesang der Teichrohrsänger-Männchen. Und zwar weniger die Sangeskunst selbst – die wird als »einförmig, schnarrend, stotternd und nasal« beschrieben, eher Geräusch als Gesang –, sondern die Eigenart des Männchens, singend einen Halm emporzuklettern. Man fühlt sich an einen minderbegabten Tenor erinnert, der während einer Liebesarie die Bühnendekoration zum höchstmöglichen Punkt hinaufklettert, um wenigstens athletisch Eindruck zu schinden.

Teichrohrsänger-Nester sind kleine Kunstwerke. Der Nestnapf ist so tief, dass die Eier auch bei stärkeren Windböen nicht herausfallen können, und so fest mit einigen frischen Schilfhalmen verflochten, dass er bei stürmischem Wetter mit den schwingenden Halmen mitwippen kann, ohne abzureißen (vgl. Foto S. 8). Teichrohrsänger-Junge verlassen ihre Kinderstube, noch bevor sie auch nur den Flatterflug beherrschen. Auch der typische Klammer-Spreizgriff am senkrechten Halm ist eine spätere Lektion. Stummelschwänzig und hilflos hocken sie geduckt auf schräg stehenden Halmen und warten auf Futter; nur das dichte Röhricht um sie herum gibt ihnen Schutz.

Sumpfrohrsänger komponieren ihre Songs aus den Liedern anderer Vögel. Genistet wird mit Vorliebe im Brennnesselgestrüpp.

Sumpfrohrsänger

Acrocephalus palustris

Merkmale

- dem Teichrohrsänger zum Verwechseln ähnlich
- imitiert im Gesang andere Vogelarten

Wer einen Sumpfrohrsänger von einem Teichrohrsänger unterscheiden will, muss schon sehr genau hinsehen, besser noch: genau hinhören. Was der unscheinbare Vogel von sich gibt, ist zwar – ähnlich dem Gesang des Teichrohrsängers – keine Labsal für menschliche Ohren. Doch in seine stotternden, stammelnden Strophen mixt der Vogel ein buntes Gemisch aus »geklauten« Vogelliedern. Experten haben die Imitationen von 212 anderen Vogelarten im Gesang des Sumpfrohrsängers identifiziert, darunter sogar 113 Arten aus dem afrikanischen Winterquartier. Besonders die Stimmen von Amsel, Haussperling, Rauchschwalbe, Blaumeise, Feldlerche und Star sind im Lied des Sumpfrohrsängers gut zu erkennen.

Der Name »Sumpfrohrsänger« ist im Grunde irreführend: Der Vogel ist durchaus nicht auf Sumpf angewiesen, sondern nistet gerne kniehoch im Brennnesseldickicht, im Wirrwarr von Ampferstängeln und Ähnlichem. Am wohlsten fühlt er sich in dicht verfilzten, unübersichtlichen Buschlandschaften. Im Gegensatz zum fest gefügten Nest des Teichrohrsängers steht das Bauwerk des Sumpfrohrsängers eher unter dem Motto »Vom Winde verweht«: Wenige Wochen, nachdem die Jungen flügge sind, ist die Kinderstube meist schon zerfallen.

Fitis und Zilpzalp

Phylloscopus trochilus und *collybita*

Quicklebendig, pausenlos auf dem Sprung und mit einer Vorliebe für Weidengestrüpp: der Zilpzalp.

Merkmale

- etwas kleiner als ein Spatz
- Oberseite graugrün
- heller Überaugenstreif

Wenn es darum geht, Fitis und Zilpzalp am Aussehen zu unterscheiden, resignieren selbst die Fachleute. Die beiden Vögel gleichen einander nicht nur wie ein Ei dem anderen, sie benehmen sich auch noch in vielen Punkten ähnlich: Beide Vögel wirken ungemein rege und rastlos, beide fressen kleine Spinnen und Insekten, die sie im Schwirrflug und mit gelegentlichen Luftsprüngen von Blättern und Zweigen ablesen, beide schätzen Gebüsche und Wälder mit Unterwuchs. Selbst die Eier (weiß mit rotbraunen Sprenkeln) sind einander zum Verzweifeln ähnlich. Sogar Spitzfindigkeiten wie die Gefiedertönung – das Fitis-Gefieder soll einen leichten Gelbstich haben, das des Zilpzalps wirkt eher olivgrau – oder die Beinfarbe – der Zilpzalp hat fast schwarze Beine, der Fitis dagegen deutlich hellere – helfen da nicht weiter: Wer kommt einem Zilpzalp schon nahe genug, um einen Blick auf seine Beine werfen zu können?

Sobald aber die beiden den Schnabel aufmachen, ist der Fall klar. Der Gesang des Fitis ist melodisch flötend und erinnert entfernt an einen Buchfinkenschlag, der ein wenig ins Schwermütige abgerutscht ist. Der Zilpzalp dagegen singt schlicht und einfach seinen Namen: »zilp-zalp-zilp-zalp-zilp-zalp« – penetrant und unermüdlich.

Doch auch sonst haben die beiden »Zwillinge« bei genauerem Hinsehen durchaus ihre Eigenheiten: Der Zilpzalp – oder vielmehr die Zilpzalpin – baut das backofenförmige Nest aus Gräsern, Rispen und Moosstückchen bis etwa Kniehöhe in Brombeersträucher, Fichtendickicht oder Brennnesseln; bis zu 1500 Transportflüge sind nötig, um das Baumaterial anzuliefern. Das Fitisweibchen dagegen legt sein Backofennest meist direkt auf dem Boden im dichten Pflanzengewirr an; das Bauwerk ist so hervorragend getarnt, dass es vom Einschlupf abgesehen aussieht wie ein Häufchen welkes Laub.
Der Zilpzalp zieht erst im Oktober, Nachzügler sogar erst im November fort und kehrt schon Ende März/Anfang April aus seinem Winterquartier im Mittelmeerraum und in Nordafrika zurück; einige Zilpzalpe verbringen den Winter sogar in Mitteleuropa. Der Fitis dagegen macht sich schon im August und September auf den Weg in sein Winterquartier im tropischen und südlichen Afrika und kehrt erst Ende April/Anfang Mai ins Brutgebiet zurück.

▲ Das Backofennest des Zilpzalps ist so gut getarnt, dass man es auf den ersten Blick für ein Häufchen welkes Laub halten könnte.

◀ Zilpzalp und Fitis (im Bild) sehen sich zum Verwechseln ähnlich. Doch am Gesang lassen sich die beiden gut unterscheiden.

Mönchsgrasmücken (hier Weibchen und Männchen) gehören zu den Vogelarten, die immer wieder testen, ob sich der Winter nicht auch vor Ort aussitzen lässt.

Mönchsgrasmücke

Sylvia atricapilla

Merkmale

- Männchen mit schwarzer Kappe, Weibchen mit rostroter Kappe
- etwa so groß wie ein Spatz
- Oberseite einfarbig braungrau, Unterseite etwas heller

Mönchsgrasmücken schätzen halbschattige lichte Laubwälder mit viel Unterholz und Gebüsch, am liebsten noch mit Efeu überwuchert. Auwälder und feuchte Mischwälder sind ihr Ideal, und Landschaftsparks oder naturbelassene Gärten kommen diesem Ideal zumindest ziemlich nahe. Die »Schwarzplättchen« gehören denn auch zu den häufigsten Vogelarten in unserem Umfeld. Doch die meisten Gartenbesitzer bemerken ihre Untermieter gar nicht: Wenn Mönchsgrasmücken durchs Gezweig schlüpfen und sich ihre Insektenmahlzeit von Blättern, Zweigen und aus Blüten sammeln, benehmen sie sich so unauffällig, dass sie leicht übersehen werden. Der Gesang der Männchen allerdings ist nicht zu überhören: Auf eine leise schwätzende Ouvertüre folgt ein laut und melodisch flötender »Überschlag«.

Mit Gesang allein lassen sich Mönchsgrasmücken-Weibchen allerdings nicht gewinnen. Ihre Männer müssen ihnen schon ein oder mehrere »Wahlnester« bauen, von denen die umworbene Dame dann eines aussucht. Die Nester, meist in etwa 1 m Höhe in Büsche oder Brennnesselstauden gebaut, sind manchmal schon nach 2 Tagen, spätestens aber nach 1 Woche fertig. Diese lockeren, durchscheinenden Schnellbauten aus Stängeln, Wurzeln und Spinnweben sind denn auch sehr kurzlebig: Kurze Zeit nachdem die Jungen das Nest verlassen haben, fällt das Nest schon auseinander. Kommt ein möglicher Feind dem Nest oder den gerade ausgeflogenen Jungen zu nahe, »verleitet« einer der Elternvögel: Scheinbar verletzt, flattert er mit hängendem Flügel vor dem Störenfried her und lockt ihn dabei von seinen Sprösslingen fort.

Vor dem großen Flug ins Winterquartier jenseits der Sahara haben Gartengrasmücken nur eins im Kopf: fressen, fressen, fressen.

Gartengrasmücke

Sylvia borin

Merkmale

- Oberseite einfarbig graubraun
- Unterseite heller
- etwa so groß wie ein Spatz

Der Name des Vogels täuscht mal wieder: Gartengrasmücken sind weit seltener in Gärten zu finden als beispielsweise Mönchsgrasmücken. Sie siedeln sich lieber in Hecken und Feldgehölzen an als in baumreichen Parks und Gärten. Davon abgesehen sind ihre Gewohnheiten aber denen der Schwarzplättchen recht ähnlich: Auch sie schlüpfen (fast) unsichtbar durchs Gezweig, lesen Insekten, Spinnen und Raupen von Blättern und Zweigen und stellen nach der Brutzeit auf Beerendiät um; auch die Männchen der Gartengrasmücken bauen ihren Weibchen Wahlnester und fabrizieren gemeinsam mit ihnen ein eher »windiges« Bauwerk.

Gartengrasmücken sind zu Berühmtheiten der Vogelforschung geworden. Mit Hilfe spezieller Registrierkäfige konnten Wissenschaftler beweisen, dass diesen Vögeln Zugrichtung und Zugdauer angeboren sind: Genau zu der Zeit, da ihre wilden Verwandten über Spanien Richtung Südwesten fliegen, flatterten die Vögel im Forschungskäfig gegen die südwestlich gelegene Käfigwand. Genau zu der Zeit, als die wilden Grasmücken Afrika erreicht hatten und nach Süden abschwenkten, hüpften auch die gekäfigten Grasmücken gegen die südlich gelegene Käfigwand: Ohne jemals in ihrem Leben in ihr Winterquartier geflogen zu sein, »wussten« sie, was wann zu tun war.
Gartengrasmücken, die kurz vor ihrem Transsaharaflug stehen, bestehen übrigens zu 30–40% aus Fett! Sie haben vor der kräftezehrenden Reise noch einmal ordentlich aufgetankt – und einen besseren Treibstoff als Fett gibt es nicht.

Wenn ein Zaunkönig loslegt, klirrt das Trommelfell: Der Winzling kann auf bis zu 90 Dezibel aufdrehen.

Zaunkönig

Troglodytes troglodytes

Merkmale

- kleiner als ein Spatz
- sehr »kurzer« Vogel
- Schwanz oft senkrecht aufgestellt
- Gefieder in Brauntönen mit Bänderzeichnung

Der wissenschaftliche Name »Troglodyt« (Höhlenbewohner) ist ein wenig irreführend. Zwar fand man die Nester von Zaunkönigen schon in Briefkästen und unter leeren Blumentöpfen, aber das macht sie noch lange nicht zu Höhlenbrütern. Ihre Höhle bauen sie sich schon selbst: Zaunkönignester sind wie eine Hohlkugel geformt – perfekter Sichtschutz und Regendach in einem. Zaunkönigreiche finden sich in unterholzreichen Wäldern, Feldgehölzen und unzugänglichen Ecken in Gärten und Parks. Wasser im Revier ist zwar hochwillkommen, doch weitaus wichtiger sind gute Verstecke und ein möglichst unübersichtliches Umfeld. Eine der ganz starken Seiten des Zaunkönigs ist nämlich seine Geländegängigkeit im Unterholz. Mit mäuseartiger Wendigkeit huscht er durch Reisighaufen und Dickicht; geflogen wird anscheinend nur, wenn es unbedingt sein muss: ein kurzer Schwirrflug, der auf dem schnellsten Weg in die nächste Deckung führt.

Doch das heißt nicht, dass Zaunkönige schlechte Flieger sind. Ein junges Männchen flog – ein Ring an seinem Fuß beseitigte jeden Zweifel – 2800 km weit von Südschweden ins spanische Winterquartier. Doch der herbstliche Flug in den Süden ist allenfalls für Vögel aus Nordeuropa obligatorisch; Zaunkönige aus den Hochlagen der Gebirge und Mittelgebirge weichen dem Winterwetter meist nur talwärts aus, und die Vögel im Tiefland bleiben zum Großteil einfach in ihrem Revier. Viele kommt allerdings ihre Sesshaftigkeit teuer zu stehen: In kalten Februarnächten können bis zu 80% einer Population sterben. In besonders eisigen Winternächten vergessen sogar die eigenbrötlerischen Zaunkönige zeitweise ihre Zurückhaltung und übernachten in Schlafgemeinschaften. In geschützten Winkeln wie hinter der Holzverkleidung eines Hauses oder in einer Scheune sitzen dann bisweilen über 20 der streitsüchtigen Winzlinge einträchtig beieinander.

Häuslebauer

Zaunkönigmännchen bieten der umworbenen Zaunkönigin meist mehrere kugelige Nester zur Auswahl, gut versteckt in Wurzeltellern, Reisighaufen oder unter Baumstrünken. Experten haben bei einem einzigen Männchen schon bis zu 12 so genannte »Wahlnester« gezählt – wahrlich ein staunenswerter Aufwand für so einen winzigen Vogel. Wenn das Weibchen der königlichen Einladung folgt, in die Nestkugel hineinschlüpft und dann auch noch mit der Innenausstattung beginnt, hat sie nach Zaunkönig-Sitte ihr Jawort gegeben.

Die Innenausstattung der Nester, die perfekte Polsterung mit Moos, Federn und Haaren, besorgen die Weibchen allein, ehe sie 5–8 weiße, rostbraun gefleckte Eier legen. Brut und die Fütterung in den ersten Tagen nach dem Schlupf ist weitgehend Frauensache. Die Männchen übernehmen einstweilen den Wach- und Warndienst, eine Beschäftigung, die ihnen offenbar noch genug Zeit lässt, sich parallel um neue Nest-Musterhäuser zu kümmern, die dann, wenn alles wunschgemäß verläuft, von weiteren Damen bezogen werden. Ein Zaunkönig kann also in seinem Revier mehrere Bruten »laufen haben« ...

▲ Den Rohbau der Hohlkugelnester erstellen die Männchen, die Inneneinrichtung ist Sache der Weibchen.

► Bei Zaunkönigs sorgt vor allem das Weibchen für die Brut; unterdessen bemüht sich das Männchen um Zweit- und Drittfrauen.

Wenn Rivalen auftauchen, sehen Rotkehlchen buchstäblich rot: Die rote Kehle ist es, die ihren Kampfgeist weckt.

Rotkehlchen

Erithacus rubecula

Merkmale:

- Gesicht und Brust bei erwachsenen Vögeln orangefarben, bei Jungvögeln braun getropft
- etwas kleiner als ein Spatz
- auffallend lange Beine und ungewöhnlich große Augen

»Unordentliche« Wälder und Hecken, verwilderte Parks und Gärten mit reichlich Raupen, Fliegen, Insektenlarven und Spinnen sind ein Paradies für Rotkehlchen. Spezialisten schnappen sich sogar Kaulquappen oder Jungfische. Weil sie auch in der Dämmerung noch recht gut sehen können, gehen sie oft im Schein der Straßenlampen auf die Jagd. Im Herbst und Winter suchen sie sich Wildbeeren. Rotkehlchen singen am liebsten in der Morgen- oder Abenddämmerung; selbst im Herbst ist ihr schwermütiger, fast schluchzender Gesang oft noch zu hören. Aufgeregte Vögel »tixen«; vor Luftfeinden warnen sie mit hohem »Sieh«.

Zweimal im Jahr, zwischen April und Juli, brüten Rotkelchen. Ihre Nestnäpfe bauen sie in Nischen zwischen Wurzeln, in Mauerwinkel oder in den Unterwuchs von Hecken, aber auch in Blechbüchsen oder liegen gebliebene Schuhe. Nestbau ist übrigens reine Frauensache.
Das Nest aus Moos, Halmen und Wurzeln ist hervorragend getarnt, und der brütende Vogel sieht mit seinem olivfarbenen Gefieder aus wie ein hingewehtes welkes Blatt. Nach 2 Wochen schon schlüpfen bis zu 6 Junge aus den hellbraun gefleckten Eiern, nach weiteren 2 Wochen verlassen diese das Nest, und nach 1 Woche Trainingszeit (in der die Eltern noch zufüttern) können sie für sich selbst sorgen.

Rotkehlchen aus Nordeuropa wandern im Winter Richtung Süden – manchmal nur bis Deutschland und in die Schweiz, teils aber auch bis in die Mittelmeerländer. Die meisten mitteleuropäischen Vögel dagegen bleiben den Winter über hier. Theoretisch könnten Rotkehlchen bis zu 12 Jahre alt werden, aber nur 40% der erwachsenen Vögel werden älter als 1 Jahr: Harte Winter fordern viele Opfer; Mäuse, Ratten, Wiesel, Eichhörnchen und Eichelhäher fressen sie und rauben ihre Nester aus.

▼ Rotkehlchen sind ungemein erfinderische Jäger. Spezialisten haben sich sogar aufs Fischen verlegt.

Wenn Vögel rot sehen

Schönheit liegt bekanntlich im Auge des Betrachters. Während wir die orangefarbene bis rote Front eines Rotkehlchens schön und kleidsam finden, ist für Rotkehl-Männer eine rote Brust eine massive Drohung – zumal dann, wenn aus dieser Brust auch noch schrille Töne entweichen. Die rote Karte, die man sich zeigt, ist gefiedert.

Wenn sich die beiden Kontrahenten für gleich stark halten, versuchen sie sich gegenseitig mit aller Macht niederzubrüllen. Dabei können sie mit 100 Dezibel zu wahrhaft ohrenklirrender Lautstärke aufdrehen. Meistens genügt dieser Sängerkrieg, um die Fronten zu klären: Wer sich schwächer fühlt, verstummt und verdrückt sich schweigend.

Bevor ein Rotkehlchen-Mann einem anderen ans rote Lätzchen geht, hört er sich übrigens genau an, mit wem er es zu tun hat. Der singende Nachbar, mit dem man sich arrangiert hat, darf »ausreden«. Ein fremder Artgenosse dagegen bekommt sofort heftige Widerrede zu hören.

Aber fremde Artgenossen werden auch dann angegriffen, wenn sie keinen Mucks von sich geben: Verhaltensforscher fanden heraus, dass Rotkehlchen schon bei der Farbe Rot einfach rot sehen. Sie experimentierten zunächst mit ausgestopften Rotkehlchen, dann mit roten Federbüscheln und schließlich sogar mit roten Stofflappen: Alles wurde wütend angegriffen. Selbst die eigenen Jungen genießen nur »Kinderschutz«, solange sie noch ihr Jugendgefieder tragen – ohne rote Kehle!

▲ Jungvögel haben noch keine rote Kehle – und erregen daher auch nicht den Zorn erwachsener Vögel.

Das Gartenrotschwanz-Männchen prunkt in seinem Prachtkleid. Dem schlichter gefärbten Weibchen fehlen die schwarze Gesichtsmaske und der weiße Stirnfleck.

Gartenrotschwanz

Phoenicurus phoenicurus

Merkmale

- Männchen mit weißem Stirnband, schwarzer Kehle, rostrotem Bauch
- etwa so groß wie ein Spatz, ziemlich langbeinig
- aufrechte Sitzhaltung, zitternder Schwanz

Im Frühjahr, wenn das Gartenrotschwanz-Männchen am farbenprächtigsten aussieht, trägt es genau genommen sein »schäbigestes« Gefieder: Das bunte Brutkleid tritt nämlich erst zutage, wenn die grauweißen Federspitzen und -säume des Herbst-Outfits abgewetzt sind.

Wenn die Männchen einige Tage vor den Weibchen aus dem Winterquartier in Zentralafrika zurückgekehrt sind, besetzen sie sofort ein Revier in einem Park, Garten oder Wald und verteidigen singend ihren Grundbesitz. Zunächst wirken ihre Darbietungen allerdings etwas halbherzig; erst wenn sie in ihrem Revier geeignete Bruthöhlen gefunden haben, legen sie richtig los. Es ist, als seien sie erst jetzt überzeugt, dass sie reelle Chancen bei einer Partnerin haben.

Sobald ein Weibchen Interesse zeigt, spielt das Männchen das Thema »Brutplatz« voll aus: Es fliegt zur Höhle, schlüpft hinein und weist nach Kräften auf die Vorzüge seines Reviers hin. Für geeignet hält der Rotschwanz-Mann so ziemlich alles, was auch nur entfernt an eine Halbhöhle erinnert: Baumhöhlen kommen genauso in Frage wie Nistkästen, Nischen auf Dachbalken, Hohlräume unter Wurzeln oder sogar Erdlöcher. Gartenrotschwänze können übrigens Gelege mit maximal 9 Eiern produzieren!

Noch vor rund 50 Jahren war der Gartenrotschwanz in Mitteleuropa ein ausgesprochen häufiger Vogel. Dass sein Bestand seither so stark zurückgegangen ist, liegt ausnahmsweise mal nicht an den Sünden in der mitteleuropäischen Landbewirtschaftung oder Gartenpflege. Vermutlich waren es Dürrezeiten in der Sahelzone und Pestizideinsätze im Winterquartier in der zentralafrikanischen Savanne und in Südarabien, die den Vögeln zu schaffen gemacht haben.

Hausrotschwanz-Männchen sind überwiegend schwarz. Die unscheinbaren Weibchen der beiden Rotschwanzarten sehen sich sehr ähnlich (hier Hausrotschwanz).

Hausrotschwanz

Phoenicurus ochruros

Merkmale

- sperlingsgroß, langbeinig
- Männchen rußfarben, Augenumgebung und Kehle schwarz, rostroter Schwanz
- aufrechte Sitzhaltung, zitternder Schwanz

Wenn ein Hausrotschwanz-Mann sich morgens im ersten Dämmerlicht auf einer Fernsehantenne oder einem Dachfirst postiert und loslegt, klingt das, als sei er stockheiser. Sein Gesang ist weniger Melodie als Geräusch, eine stammelnd vorgetragene Mischung aus Kratzen und Knirschen. Hausrotschwänze stammen eigentlich aus den Geröllhalden der Gebirge. So makaber es klingt: Auch die Trümmerhalden der zerbombten Städte nach dem 2. Weltkrieg mit ihren unzähligen Nischen und Winkeln boten den Halbhöhlenbrütern paradiesische Lebensbedingungen. Heute fehlen Rotschwänze in keiner Siedlung; am liebsten siedeln sie sich dort an, wo Häuser gebaut werden: Die aufgestapelten Ziegel und aufgeschütteten Steine genügen als »Gebirgslandschaft«.

Beim Nestbau sind Hausrotschwänze ebenso flexibel wie bei der Wahl ihres Wohnorts. Brüten sie in einigermaßen natürlicher Umgebung, verbauen sie Halme, Moos und Flechten. Wenn sie aber in Siedlungen nisten, konstruieren sie ihr Nest auch gerne aus Holzspänen, Stofffetzen oder was sie sonst vorfinden.
Die Jungen zeigen schon im Alter von 10 Tagen das Schwanzzittern, das für die beiden Rotschwanzarten so charakteristisch ist. Wie viele Singvogeljunge hüpfen sie aus dem Nest, noch ehe sie fliegen können. Wenn die Eltern ihnen mit Alarmrufen Gefahr signalisieren, erstarren sie zur Salzsäule. So manche Katze ist schon ahnungslos an der leichten Beute vorbeigelaufen.

Nachtigall

Luscinia megarhynchos

Als es auf Friedhöfen und in Parks noch verwilderte Winkel gab, waren Nachtigallen auch in Städten zu hören.

Merkmale

- größer als ein Spatz
- Oberseite einfarbig rotbraun
- Kehle und Bauch grau-weiß

Seltsam, dass für uns die Nachtigall weiblich ist, denn das berühmte Nachtigallenlied stammt selbstverständlich von Vogelmännern, von Nachtigallern sozusagen. Wenn die Nachtigall-Männchen Anfang April aus ihrem afrikanischen Winterquartier zurückkehren, besetzen sie sofort ein Revier und beginnen zu singen. Dass sie zur Zeit der Brautschau nachts singen, hat seinen guten Grund: Auch die Weibchen, die ein paar Tage später aus Afrika zurückkehren, reisen nachts. Werbende Männchen haben also die besten Erfolgsaussichten, wenn sie die Weibchen sozusagen im Anflug abfangen. Später, wenn sie ihre Partnerin gefunden haben und nur noch ihr Revier verteidigen müssen, stellen sie auf Morgen- und Abendgesang um.

»Vogel des Jahres« war die Nachtigall im Jahr 1995. Diesen Ehrentitel bekam sie nicht etwa, weil sie vom Aussterben bedroht wäre. Sie bekam ihn als Repräsentantin eines Lebensraums, der immer seltener wird: Nachtigallen brauchen wuchernde Wildnis, sie schätzen die Anarchie des Unterwuchses. Sie leben in Wäldern, Hecken und Jungwald mit dicht verkrautetem Parterre. Hier können sie sich verstecken, hier finden sie in der dicken Altlaubschicht genügend Insekten und Regenwürmer und sichere Plätze für ihre napfförmigen Nester.

Solange es in der freien Landschaft genügend Hecken und verfilzte Waldränder gab und solange in Parks und Gärten verwilderte Winkel geduldet wurden, waren Nachtigallen keine Seltenheit. Das hat sich sehr zu ihren Ungunsten geändert: Etwa 95 000 Brutpaare leben noch den Sommer über in Deutschland. Eine beeindruckende Zahl? Das täuscht. Nur zum Vergleich: Die Kohlmeisen bringen es auf rund 10 Millionen Paare.

Sprachgenies

Nachtigallen sind in der Tat Sprachgenies: Wissenschaftler haben nicht nur herausgefunden, dass im Nachtigallengesang an die 260 verschiedene Strophen enthalten sein können; sie haben außerdem festgestellt, dass den Vögeln ihr Gesang nicht etwa angeboren ist, sondern dass er nach und nach erlernt werden muss. Ein Nachtigallenjunge wird nur dann ein Spitzensänger, wenn er sich all die verschiedenen Strophen einprägt, die er zunächst von seinem Vater und später von den Nachbarn hört.
Wissenschaftler wollten genau wissen, wie viel sich so ein kleiner Vogel merken kann, und starteten eine Art Sprachlabor für Nachtigallen: Sie zogen die Vogeljungen im Labor auf und spielten ihnen jeden Tag die schönsten Nachtigallenlieder vor. Das Ergebnis dieser Untersuchung könnte einen grün vor Neid machen: Obwohl die jungen Nachtigallen jede der 60 verschiedenen Strophen nur 20-mal vorgespielt bekamen, hatten sie sich die Melodien bombenfest eingeprägt.
Als die Vögel nach ein paar Monaten alt genug waren, um selbst zu singen, gaben sie nur die Strophen wieder, die sie im »Sprachlabor« gelernt hatten. Sie hatten sich also die Melodien nicht nur blitzartig eingeprägt, sie hatten sich den Lernstoff auch noch monatelang fehlerfrei gemerkt, bis sie endlich selbst singen konnten.

►

Dann welcher Vogel kan so schön und lieblich singen? Wer kan der Stimmen Thon so mannigfaltig bringen Gleichwie die Nachtigall die über alle geht Vor welcher der Gesang der andern nicht besteht…
(Nicolaus Baer von der Königlichen Domschule zu Bremen im Jahr 1695)

◄

Ein kühles, nasses Frühjahr kann für Nachtigallen fast den Totalausfall der Brut bedeuten.

Heckenbraunelle

Prunella modularis

Merkmale

- etwas kleiner als ein Spatz
- Kopf und Brust teilweise blaugrau
- Oberseite braun gemustert

Kaum zu glauben, dass Heckenbraunellen zu den 20 häufigsten Vogelarten Deutschlands gehören. Sie leben so unauffällig, dass ihre Anwesenheit oft übersehen wird. Als ungeübter Vogelbeobachter könnte man die vorüberhuschenden braungrauen Federbälle leicht für Mäuse halten. Zur Balzzeit allerdings verlassen zumindest die Männchen ihr Gebüsch-Separée und präsentieren sich singend auf exponierten Zweigen oder sogar auf Baumspitzen. Freunde des Vogelgesangs loben den »sensiblen« Gesang der Männchen: Kontaktlaute, die fast zärtlich wie »sit-zri« klingen; etwas lebhafter dann die Stimmfühlungsrufe »dididi«; und schließlich der Hauptgesang, bestehend aus »wellenförmigen«, schnellen Plauderstrophen. Alles zusammen vielleicht nicht oberste Sangesliga, aber unterhaltsam.

Dass Heckenbraunellen im Garten logieren, merkt man meistens erst dann, wenn die Männchen sich singend zur Schau stellen.

Heckenbraunellen

bevorzugen junge Nadelwälder, leben aber auch in Auwäldern und Mischwäldern mit viel Unterwuchs. Faustregel: unten dicht und oben licht. Dieses Ideal erfüllen natürlich auch die – namensgebenden – Hecken, die ja im Grunde nichts anderes sind als lang gestreckte zweiseitige Waldränder. Sehr beliebt sind auch Parks und verwilderte Gärten.

Ihre Nahrung finden

die Heimlichtuer zum Großteil am Boden: Ameisen, kleine Käfer, Spinnen, Weberknechte, Würmer und kleine Schnecken. Doch auch Samen von Ampfer, Mohn, Vogelknöterich und vielen anderen Pflanzen lesen sie vom Boden auf.

▲ Heckenbraunellen leisten sich extravagante Eier in Türkisblau.

► Auf den ersten Blick könnte man den Vogel für einen Spatz halten: eine Heckenbraunelle mit der typischen schiefergrauen Musterung.

Offene Zweierbeziehung

Falls die Befürworter so genannter »offener Zweierbeziehungen« einen Symbolvogel suchen, sei ihnen die Heckenbraunelle empfohlen. Nur wenige Gefiederte handhaben Bindung so flexibel wie diese kleinen Singvögel. Das erklärte Ziel eines Männchens ist es stets, möglichst mehrere Weibchen sein Eigen zu nennen (Monogamie kann aus seiner Sicht nur eine Notlösung sein). Falls es dem Revierbesitzer allerdings nicht gelingt, sein(e) Weibchen gegen Konkurrenten zu verteidigen, ist er gezwungen, die Mithilfe anderer Männchen zu dulden. Diese Nebenmänner fordern natürlich Rechte bei der Dame (oder den Damen) des Hauses, was das Hauptmännchen nach Kräften zu verhindern sucht.
Dass die Dame ihrerseits durchaus nicht abgeneigt ist, sich mit den meist jüngeren »Lovern« in die Büsche zu schlagen, macht die Sache für das rechtmäßige Männchen nicht gerade einfacher. Manchmal bemühen sich sogar mehrere Männchen um mehrere Weibchen. Mit anderen Worten: Von Vielweiberei über Vielmännerei bis zu Vielmännerweiberei ist bei Heckenbraunellen alles möglich.

Vor 100 Jahren waren Amseln noch scheue Waldvögel, heute sind sie die Herrscher der Vorgärten (hier Männchen).

Amsel

Turdus merula

Merkmale

- erwachsene Männchen rein schwarz, mit gelbem Schnabel und gelbem Augenring
- Weibchen dunkelbraun, mit etwas hellerer Kehle und Brust
- Junge ähnlich wie Weibchen, aber rötlicher

Gäbe es eine Liste der Top Ten unter den Vogelarten Europas, dann stünde die Amsel vermutlich auf Platz drei – noch vor dem Haussperling! Fachleute schätzen, dass rund 50 Millionen Amseln den Alten Kontinent bevölkern. Eines der Erfolgsgeheimnisse ist sicher, dass sich der Vogel auf fast jede Nahrungsquelle einstellen kann: Die Basisdiät sind Regenwürmer, Käfer und Ameisen; dazu kommen bei Gelegenheit kleine Schnecken und im Boden lebende Insektenlarven. Sobald irgendwo Früchte reif sind, gehen Amseln auf die Beerenernte, und im Winter verspeisen sie Fallobst und klappern die zahlreichen Futterhäuschen ab.

Noch vor wenigen Generationen galt die Amsel als scheuer Waldvogel, der eher die dunklen Ecken bevorzugt. Heute haben die Vögel besonders die Siedlungsgebiete so dicht unter sich aufgeteilt, dass in den Morgen- und Abendstunden von jeder Fernsehantenne, von jedem Baumwipfel ein Männchen flötet: Ein lückenloser »Amselteppich« liegt über Gärten und Parks. An den scheuen Vogel aus dem Waldesdunkel erinnert heute nur noch die Sicherheit, mit der Amseln selbst im fast Stockdunkeln noch pfeilschnell und millimetergenau über Gartenmauern huschen.

Zur Amsel-Erfolgsstory müsste eigentlich auch ihr Bruterfolg gehören. Die Städter

unter ihnen schaffen 3, manchmal sogar 4 Jahresbruten mit jeweils 3–6 Eiern. Die beste »Legehenne« unter den Amselweibchen produzierte 25 Eier in einer einzigen Brutsaison!
Warum aber ist trotz so viel Fruchtbarkeit noch keine Amsellawine über uns hereingebrochen? Weil die wenigsten der unzähligen Embryos zu erwachsenen Vögeln heranwachsen. Nach Schätzungen schlüpfen aus höchstens 45% der Eier Junge, von denen wiederum maximal 40% ihren ersten Geburtstag erleben, und von diesen Überlebenden stirbt jedes Jahr mindestens die Hälfte. Theoretisch könnte eine Amsel 20 Jahre alt werden; ihre realistische Lebenserwartung aber sind gerade 2 Jahre.

Der Teufel steckt im Detail

Wie findet eigentlich eine Amsel zu ihrem Nest zurück? Sie prägt sich die unmittelbare Umgebung genau ein. Eigentlich ganz einfach. Oder etwa doch nicht? Im menschlichen Umfeld jedenfalls kann diese Strategie bisweilen gründlich danebengehen: Eine Amsel hatte eine waagrecht an der Wand hängende Leiter als Nistplatz auserkoren und begann auf einem Seitenholm zwischen zwei Sprossen mit dem Nestbau. Doch es war wie verhext: Immer wieder passierte es ihr, dass sie bei ihrer Rückkehr zur Baustelle das angefangene Nest nicht mehr finden konnte. Hartnäckig fing sie an der (vermeintlich) selben Stelle aufs Neue an zu bauen, stand aber kurz darauf vor demselben Phänomen: Der Rohbau ihres Nestes war spurlos verschwunden. Offenbar wusste der Vogel vor lauter Sprossen nicht mehr, wo ihm der Kopf stand. Ob Amseln so etwas wie Frustration kennen? Jedenfalls brach sie nach 6 Nestfragmenten ihr Bauvorhaben auf der Leiter endgültig ab.

▲ Er ist keineswegs »aus dem Nest gefallen«. Auch im Gebüsch werden junge Amseln von ihren Eltern weiter gefüttert.

▲ Manchmal könnte man meinen, unter Amseln würden Preise für die verrücktesten Nistplätze vergeben.

► Und jetzt ziehen – aber gaaaanz langsam, damit der Wurm nicht abreißt (Weibchen).

Singdrossel

Turdus philomelos

»Hotel Mama« bei Singdrosseln: Auch flügge Junge versuchen noch, Futter bei den Eltern abzustauben.

Merkmale

- zierlicher und etwas kleiner als die Amsel
- Oberseite olivbraun, Bauch und Brust weißlich, mit großen dunkelbraunen Tropfen
- Gesang besteht aus 2- bis 4-mal wiederholten Strophen

Selbst für Laien ist es relativ einfach, den Gesang der Singdrossel zu erkennen. Welche Roller, Triller und Flötenmotive die Männchen auch immer in ihr Lied einbauen: Sie wiederholen auf alle Fälle jedes Motiv mehrmals. Ein singendes Männchen auf seinem Baumwipfel erinnert ein wenig an eine Schallplatte, bei der die Nadel hängen geblieben ist. Bevor der Sänger wieder ins Unterholz verschwindet, schließt er seinen Vortrag mit einem kurzen »Zipp«.

So eigen wie der Gesang sind auch die Nester der Singdrosseln: Die Schale aus

Zweigen und Gras ist innen regelrecht verputzt. Die Vögel verwenden dazu eine Mischung aus Holzmulm mit feuchter Erde oder Lehm. Eine lehmbeschichtete Nestwand scheint gute Isoliereigenschaften zu haben; jedenfalls bauen finnische Singdrosseln ihre Nestwände dreimal so dick wie ihre Verwandten in Mitteleuropa. Doch es muss nicht immer Eigenbau sein, auch secondhand ist bei Singdrosseln beliebt: Gelegentlich findet man ihre charakteristischen grünblauen Eier in den renovierten Nestern von Amseln, Eichelhähern, Elstern und sogar den Kobeln von Eichhörnchen.

Am Nest benehmen sich die Vögel ausgesprochen verstohlen. 1- bis 2-mal pro Stunde gönnt sich das brütende Weibchen eine kurze Auszeit, um Futter zu suchen. Bevor es danach zum Nest zurückkehrt, prüft es genau die Umgebung. Erst wenn die Luft rein ist, wagt es sich wieder auf sein Gelege. Sollten doch einmal Störenfriede das Nest entdecken, kann es ausgesprochen rabiat reagieren. Singdrosseln sind sogar schon gegen ausgewachsene Krähen vorgegangen – mit Erfolg. Sind dic Jungen geschlüpft, steht alles im Zeichen der Futtersuche. In den ersten Tagen genügen noch 10 Fütterungen pro Tag, für einwöchige Junge müssen die Eltern schon 100-mal täglich Futter einfliegen, und kurz vor dem Flüggewerden wird 130-mal pro Tag Futter geliefert. Der Arbeitstag einer Singdrossel mit Jungen beginnt rund 20 Minuten vor Sonnenaufgang und endet erst gegen 21 Uhr!

Der Vogel mit dem Amboss

Junge Singdrosseln müssen viel lernen – auch die richtige »Zubereitung« ihrer Lieblingsspeise: Instinktiv wissen sie zwar, dass man an das leckere Innere einer Gehäuseschnecke herankommt, indem man sie am Schalenrand packt und gegen einen Stein schlägt, aber bis sie den richtigen Dreh gefunden haben, müssen sie noch viel üben. Routiniers unter den Singdrosseln schlagen das Schneckenhaus exakt mit der Gehäusespitze auf den Stein, so dass die Kalk-Mittelsäule im Inneren zerbricht. Jetzt hat die Schnecke keinen Widerhalt mehr, um sich mit Hilfe ihres Muskels in ihr Gehäuse zurückzuziehen. Die Drossel muss nur noch mit ein paar Wischbewegungen den Schneckenkörper von Kalksplittern und Schleim befreien und schon ist der Happen mundfertig.
Doch große Schnecken sind selbst für erfahrene Drosseln harte Arbeit. Ein Ornithologe beobachtete ein Singdrossel-Männchen, das eine Weinbergschnecke 156-mal nacheinander auf Steine, Bretter und Betonboden klatschte, bevor das Gehäuse endlich zerbrach und es die Beute stückchenweise an seine Jungen verfüttern konnte. Außer Schnecken werden übrigens auch andere hartschalige Beutetiere wie Maulwurfsgrillen in den Drosselschmieden zerschmettert. Die Überreste beweisen es.

Die Unmenge zerbrochener Schneckenhäuser verrät es: Dieser Stein ist der »Amboss« einer Singdrossel.

Wacholderdrossel

Turdus pilaris

Merkmale

- etwas größer als eine Amsel
- Oberkopf und Bürzel schiefergrau, Rücken und Flügel kastanienbraun, Kehle und Brust mit schwarzen Flecken auf hellem Grund
- schäckernder Flugruf
- singt oft im Flug

Im Elsass gilt die Ankunft der Wacholderdrosseln als Zeichen für den nahenden Winter – mit gutem Grund: Die Vögel weichen dem Winterwetter gerade so weit nach Südwesten aus, bis Temperaturen und Nahrungsangebot wieder erträglich sind. Sobald sie Hecken mit reichlich Beeren oder Streuobstwiesen mit gammelndem Fallobst finden, legen sie wieder eine Pause ein – so lange, bis das Nahrungsdepot abgeerntet ist und sie wieder zur Wanderschaft zwingt. Wacholderdrosseln im Winter sind entweder schwarmweise da oder überhaupt nicht.

Eigentlich stammen die hübschen Vögel aus den lichten Wäldern der sibirischen Taiga, doch einige der Winter-Durchzügler müssen Gefallen am mitteleuropäi-

Wacholderdrosseln sind im Winter entweder im Schwarm zu sehen – oder überhaupt nicht.

schen Klima gefunden haben. Seit Mitte des 19. Jahrhunderts haben Wacholderdrosseln ihr Verbreitungsgebiet jedenfalls immer weiter nach Westen und Süden ausgedehnt. Doch ihre Herkunft können sie nicht verleugnen: Immer sind es die kalten und feuchten Lebensräume, die sie zuerst besiedeln; der kühle, feuchte Nordhang ist ihnen allemal lieber als die sonnige Südflanke.

Außer Kühle und Feuchtigkeit sollte noch etwas zu einem komfortablen Wacholderdrossel-Nistplatz gehören: eine ertragreiche Regenwurmwiese in nächster Nähe. Die Vögel fliegen ungern weiter als 250 m zur Futtersuche. Geschlossener Wald scheidet also als Brutplatz aus. Auwälder, Feldgehölze und Waldränder dagegen sind sehr beliebt. Wo es den geselligen Drosseln gefällt, brüten sie auch gerne in kleinen Kolonien. Der gewichtigste Vorteil dieser Geselligkeit: Mit vereinten Kräften schaffen es die kriegerischen Vögel, selbst stärkere Feinde in die Flucht zu schlagen.

Drossel im Schlafrock

Unsere Ahnen hatten eine Schwäche für Wacholderdrosseln – vor allem dann, wenn sie gebraten auf dem Teller lagen. In Rosshaarschlingen wurden die »Krammetsvögel« in großen Mengen gefangen und als Leckerbissen auf den Märkten angeboten. Besonders gefragt waren die schmackhaften Vögel als Krankenkost, da ihr Fleisch angeblich eine wohltuende Wirkung auf das menschliche Innenleben hatte.
Doch auch die Kerngesunden schätzten den Vogel auf ihrer Tafel. Kenner der Materie empfahlen, erst im Spätsommer und Herbst die Jagd auf sie zu eröffnen, wenn sie bereits reichlich Wacholderbeeren, Vogelbeeren und Weintrauben verspeist und sich gewissermaßen selbst gewürzt hatten. Konrad Gesner (1516–1565), der große Meister der Tierbeschreibung, muss nebenbei auch ein Feinschmecker gewesen sein. Im Fall Wacholderdrossel hält er sich nicht lange mit Wissenswertem aus der Biologie auf, sondern schildert lieber Wissenswertes aus der gehobenen Küche: »Dieser Vogel ist seer lieblich und wolgeschmackt, darumb wirt er, als ein besonderer schläck, zur Speyss ausserkoren ... Diese Vögel solt du braten: wiewohl sy gesotten mit pfäffer und salbinen auch nit unlieblich sind.«

Mit ausreichend Fallobst können Wacholderdrosseln bequem den Winter überstehen. Kälte ist kein Problem für sie; schließlich sind sie vor Jahren aus der sibirischen Taiga zu uns gekommen.

Star

Sturnus vulgaris

Kein Frühling ohne Starengesang: Starenlieder sind voller »geklauter« Töne, vom Katzenmiauen bis zum Handyklingeln.

Merkmale

- Gefieder vom Herbst bis zum Frühjahr metallisch glänzend schwarz mit weißen Tropfen; später ohne Tropfenmuster
- etwas kleiner als eine Amsel
- hüpft nicht über den Boden, sondern marschiert wie eine Taube

Ein singender Star ist wirklich ein Star. Zwar ist sein Gesang für unsere Ohren längst nicht so melodisch wie zum Beispiel das Lied einer Mönchsgrasmücke oder einer Amsel. Aber in puncto Bühnenshow und Vielfalt übertrifft ein Star die beiden doch bei weitem. Wenn er auf seinem Häuschen steht und sich mit ekstatisch flatternden Flügeln und gesträubtem Kehlgefieder die Seele aus dem Leib schnarrt, knackt, rattert, quätscht und schmatzt und dabei auch noch die Schiedsrichterpfeife vom benachbarten Fußballplatz oder das Handyklingeln des Teenagers von nebenan einbaut, dann ist er wirklich ein Meister seiner Klasse. Und der Aufwand lohnt sich: Starendamen finden diejenigen Männchen am attraktivsten, deren Gesang die meisten Motive enthält und die beim Singen die größte Ausdauer an den Tag legen.

Wenn Stare auf einer feuchten Wiese nach Fressbarem suchen, gehen sie geradezu systematisch vor: ein paar Schritte, Schnabel einstechen, mit einem Ruck öffnen, aufgestemmte Öffnung nach Nahrhaftem sondieren; wieder ein paar Schritte, Schnabel einstechen, ruckartig öffnen ... Dieses »Zirkeln« – das ruckartige Öffnen der Schnabelhälften – scheint den Vögeln ein Urbedürfnis zu sein: Zahme Stare führen es auch an der geschlossenen Faust des Pflegers vor.
So beliebt Stare bei Kleingärtnern sind, so gefürchtet sind sie wegen ihrer Vorliebe für Früchte in den Kirschenanbaugebieten. Im Spätsommer, wenn die Jungen flügge sind, sammeln sie sich zu riesigen Schwärmen und gehen gemeinsam auf Futtersuche. Wenn solche Schwärme in Beerengärten oder Obstplantagen einfallen, können sie erheblichen Schaden anrichten:

Die Vögel hacken weit mehr Früchte an, als sie wirklich fressen.

In diesen Schwärmen lassen sich übrigens diesjährige Jungvögel noch leicht von den Altvögeln unterscheiden: Der Nachwuchs trägt ein mausgraues Kostüm, während das Gefieder der Altvögel metallisch glänzt oder – falls sie ihre Herbstmauser schon abgeschlossen haben – das weiße Tropfenmuster zeigt. Die Jungvögel mausern etwas später, so dass erst ab Ende Oktober alle Stare »getropft« sind.

Dallas im Starenkasten

Wer einen Blick auf das Eheleben der Stare wirft, fühlt sich unweigerlich an Klatsch und Tratsch der Vorabendserien erinnert. Nach dem Grundsatz »Wer zuerst kommt, mahlt zuerst« besetzt ein Starenmann zunächst mal gleich mehrere Bruthöhlen. Hat er Glück, ergattert er nämlich nicht nur ein Weibchen, sondern deren gleich mehrere, und dafür will vorgesorgt sein. Doch auch wenn die Partnerwahl abgeschlossen ist, bleibt das Männchen offen für günstige Gelegenheiten: In Brutkolonien sind Flirts am Rande durchaus keine Seltenheit.

Doch auch die Weibchen in so einer Kolonie wissen die enge Nachbarschaft zu schätzen. So manche Starin erleichtert sich die Aufzucht ihrer Jungen, indem sie das eine oder andere Ei in die Nisthöhle der Nachbarin platziert. Doch oft genug schöpft die Pflegemutter in spe Verdacht – der Himmel weiß, wie sie es anstellt, ein Starenei unter Stareneiern als Fremdling zu erkennen – und wirft den Fremdzugang aus dem Nest.

► Wenn sich die Gelegenheit bietet, beglücken Starenmänner gerne auch mal die Nachbarinnen. Auch für (sukzessive bis zu 5) Nebenfrauen sind sie jederzeit zu haben. Dafür sind aber auch nicht alle Jungen, die in ihrer Bruthöhle aus den Eiern schlüpfen, ihr eigen Fleisch und Blut.

◄ Nach der Herbstmauser tragen Stare ein hell getupftes Kostüm; bis zum Frühjahr nutzen sich die hellen Federspitzen ab und das metallisch glänzende Prachtkleid kommt hervor. Jungvögel (Foto) sind im Herbst noch an den graubraunen Köpfen zu erkennen.

Eichelhäher

Garrulus glanderius

Wie man eine Eichel professionell bearbeitet, müssen Eichelhäher erst durch Versuch und Irrtum lernen.

Merkmale

- so groß wie eine Taube
- schwarzer »Bart«, zimtfarbener Körper, schwarzweiße Flügel, weißer Bürzel
- auffallendes Feld aus blauen Federn am Flügel

Jeder Spaziergänger kennt den durchdringend rätschenden Alarmruf von Eichelhähern, die aller Welt mitteilen, dass sie einen »Feind« entdeckt haben. Aber das bekannte Kreischen ist nur einer von vielen Rufen, Gesängen und Tönen, die Eichelhäher im Programm haben. Sie können bauchrednerisch plaudern, bussardartig miauen und vor allem können sie Vogelstimmen und Geräusche täuschend echt nachahmen, vom Alarmruf der Amsel über Rasenmähergeräusche bis zu dem Knarren eines Astes im Wind – alles findet sich im Häherrepertoire wieder.

Die Eiablage »planen« Eichelhäher so, dass die Jungen gerade dann schlüpfen, wenn sich die Insekten massenhaft vermehren. Raupen von Wicklern und Spannern sind beste Babynahrung, Maikäferjahre paradiesische Zeiten für Eichelhäher. Auch – der Wahrheit die Ehre! – Eier und

Küken von Kleinvögeln gehören auf ihre Nahrungsliste (leider lernen die intelligenten Häher bald, dass die Suche nach Vogelküken gerade dort am lohnendsten ist, wo die Vogeleltern am aufgeregtesten zetern). Im Spätsommer machen Eichelhäher gerne Jagd auf Heuschrecken, und später im Jahr, wenn alle Jungvögel ausgeflogen und die Insekten verschwunden sind, verlegen sich die Häher auf Eicheln, Nüsse, Bucheckern und gelegentlich Mais- oder Getreidekörner.

Wenn Eichelhäher auf Ameisen stoßen, benehmen sie sich seltsam: Sie stützen die Flügel mit weit gespreizten Schwungfedern auf den Boden, stellen auch den Schwanz auf und lassen die Ameisen mit sichtlichem Wohlbehagen zwischen ihren Federn herumkrabbeln. Vermutlich vertreibt die Ameisensäure Parasiten, die sich im Gefieder angesiedelt haben.

Ein Gedächtnis wie ein Eichelhäher

Kein Mensch würde schaffen, was ein Eichelhäher jeden Herbst bewältigt: Im Herbst schleppt er, oft aus kilometerweiter Entfernung, Tausende von Eicheln herbei (bis zu 12 passen in seinen Kehlsack) und versteckt sie für die bevorstehenden mageren Monate im Boden; diese Vorratslager findet er selbst dann wieder, wenn der Schnee alles zugedeckt hat und die Landschaft völlig verändert aussieht. Die Vögel müssen so etwas wie eine Landkarte im Kopf haben!

Doch wie Wissenschaftler festgestellt haben, wissen Eichelhäher nicht nur genau, **wo** sie ihre Eicheln deponiert haben; sie wissen sogar, wann sie welches Lager angelegt haben. Um das herauszufinden, gaben die Forscher den Vögeln in einem Käfig reichlich Erdnüsse und Schmetterlingsraupen zu fressen. Als die Häher satt waren, versteckten sie wie üblich einen Teil des Futters für »schlechte Zeiten« im Sand des Käfigbodens. Anschließend quartierte der Versuchsleiter die Vögel in einen anderen Käfig um.

Als die Häher nach 5 Tagen endlich wieder in den Käfig mit den versteckten Vorräten durften, geschah etwas Seltsames: Sie suchten zwar sofort nach den Erdnussverstecken, die Raupenverstecke aber ignorierten sie. Hatten sie die versteckten Raupen vergessen? Im Gegenteil: Sie hatten offenbar genau in Erinnerung, dass 5 Tage vergangen waren, seit sie die Raupen verbuddelt hatten. Und sie wussten aus Erfahrung, dass Schmetterlingsraupen schon nach 4 Tagen verfault und ungenießbar sind und dass Nachsehen sich einfach nicht mehr lohnte!

► »Einemsen« ist für Eichelhäher das Höchste: Ameisen im Gefieder sind offenbar ein besonderer Genuss.

►► In der »Badewanne« überrascht: Eichelhäher sind stets für die angenehmen Seiten des Lebens zu haben.

Elster

Pica pica

Oft verlassen junge Elstern erst mit knapp 4 Wochen ihr Nest, und erst 6 Wochen später sind sie eigenständig.

Merkmale

- auffallend langer Schwanz
- kräftiger Krähenschnabel
- Gefieder metallisch glänzendes Schwarz, Schultern und Bauch weiß

Vor 120 Jahren sah es ganz so aus, als sei die Elster vom Aussterben bedroht. Intensive Verfolgung hatte die hübschen schwarzweißen Vögel so selten werden lassen, dass sogar Jäger für ihren Schutz plädierten. Die Schutzmaßnahmen zeigten bald Erfolg, die Bestände erholten sich.

Doch nach dem Zweiten Weltkrieg erlebten die Elstern eine neuerliche Krise: Ihre Heimat, die Feldflur, veränderte sich von Grund auf; Hecken wurden beseitigt, Grünland umgepflügt, Wegraine totgespritzt. Die Charaktervögel naturnaher, abwechslungsreicher Landschaft mussten ausweichen. Sie zogen in Gartenvororte und die Parks der Städte – eine gute Wahl, wie sich herausstellte. In ihrem neuen Lebensraum haben sie von Jägern nichts zu befürchten, sie finden das ganze Jahr über bestes Futter auf Komposthaufen und in Abfallkörben, können auf Parkwiesen Kleingetier sammeln, von Obstbäumen die Früchte ernten, Futterreste an Parkteichen aufpicken und überfahrene Tiere an Straßenrändern auflesen.

Bei Gartenbesitzern sind Elstern oft unbeliebt, wenn nicht gar verhasst: Sie gelten als Singvogelkiller, und es ist ja auch wahr, dass sie bisweilen Eier und Vogelküken verspeisen. Ebenso wahr ist allerdings, dass Buchfinken, Amseln, Kohlmeisen und Co. in den Gärten und Parks des Menschen eine beispiellose Siedlungsdichte erreichen, der Nachbarschaft der Elstern zum Trotz. Kohlmeisen mit ihren bis zu 12 Eiern pro Gelege, Amseln mit ihren bis zu 25 Eiern pro Saison können den Verlust des einen oder anderen Jungvogels mühelos verkraften. Außerdem haben Untersuchungen ergeben, dass der Zugriff der Elstern bei weitem überschätzt wird: Singvögel machen höchstens 17% im Gesamtvolumen ihrer Nahrung aus.

Bauherren

Oft beginnen Elstern schon im Februar mit dem Nestbau, lange vor der Eiablage. Die Basis bildet eine Plattform aus Zweigen und kleinen Ästen, die mit Schlamm- und Erdklumpen auf der Unterlage verankert werden. Weitere Schichten aus Zweigen und Ästen bilden die Seitenwände. Das Dach entsteht, indem die Elstern das Nistmaterial der Seitenwände nach oben schubsen und von oben noch einmal Zweige nachlegen. (Routinierte Vögel bauen das Dach so dicht, dass die Eier von oben nicht mehr zu sehen sind.) Seitlich wird ein unauffälliger Einschlupf offen gelassen.
In diesen Rohbau tragen die Vögel weitere Ladungen Schlamm und Erde und formen daraus eine Schale, die abschließend mit Haaren und feinem Pflanzenmaterial ausgelegt wird. Manchmal beziehen Elstern aber auch alte Nester und bessern sie aus. Solche jahrelang benutzten Gebilde können eine Höhe von 1,3 m erreichen – zweieinhalb Mal so hoch wie die »Neubauten«. Können die Elstern ungestört an ihrem Bau arbeiten, sind sie schon nach einer guten Woche fertig. Werden sie aber gestört, brechen sie das Unterfangen ab und beginnen anderswo wieder von vorn. Erfahrungsgemäß wird nur jedes fünfte der vielen Elsternnester in einer Hecke tatsächlich benutzt. Da aber viele Leute gerne von der Anzahl der Nester auf die Zahl der brütenden Paare schließen, werden auf diesem (Holz-)Weg oft wahnwitzig überschätzte Elsterndichten »ermittelt«.

◄ Elstern im Flug sehen mit ihrem schillernden Gefieder wie riesige, exotische Schmetterlinge aus.

▲ Elstern halten viel von Renovierung am Bau. Ein Nest kann im Lauf der Jahre bis zu 1,3 m hoch werden.

Rabenkrähen

Corvus corone corone

Was umgangssprachlich als »Rabe« durchgeht, ist meistens nur die kleinere Verwandte, die Rabenkrähe.

Merkmale

- schwarz glänzendes Gefieder
- kräftiger, an der Spitze leicht abwärts gebogener Schnabel
- größer als eine Haustaube

Lange bevor der Mensch über die Erde lief, folgten Rabenkrähen den jagenden Wölfen und fraßen von ihren Beuteresten. Später folgten sie dem jagenden Menschen und fraßen von seinen Beuteresten. Und noch später folgten sie dem Menschen auf seine Äcker, in seine Siedlungen und Städte und füllten ihre Mägen mit den Beuteresten, die sie dort finden konnten: mit Heuschrecken und Käfern, die von den Haustieren des Menschen aufgescheucht werden, mit Wühlmausbrut, die sein Pflug ans Licht befördert hatte, mit Ernteresten und Früchten von seinen Feldern, mit weggeworfenen Pausebroten von Schulhöfen und Spaghettiklumpen von Mülldeponien.

Rabenkrähen auf Nahrungssuche wirken ungemein intelligent: Sie wenden Steine um und stochern in Hohlräumen; sie patrouillieren am Spülsaum der Meeresküste entlang und suchen nach toten Fischen; sie lassen Muscheln und Krabben auf

Steine fallen, bis die harten Gehäuse zerplatzen und das leckere Innere freigeben; und sie lernen, dass sich Nester von Bodenbrütern am leichtesten dann ausräumen lassen, wenn Spaziergänger die Vogeleltern gestört und verscheucht haben. Sogar Teamarbeit gehört zu ihrem Repertoire: Während eine Krähe den brütenden Vogel ablenkt, kann der Partner das Nest plündern. Rabenkrähen verstehen es auch, sich Verfolgungen zu entziehen. Jäger können sie von weitem von harmlosen Spaziergängern unterscheiden. Und Hochspannungsmasten sind wohl nicht zuletzt deshalb als Nestunterlage so beliebt geworden, weil die Nester dort vor Beschuss und Nestplünderei sicher sind. Mancherorts brüten die Krähen sogar dann auf solchen Masten, wenn ein idealer natürlicher Nistplatz – ein hoher Baum in Waldrandlage mit weit oben gelegener stabiler Astgabel – in nächster Nachbarschaft steht.

Rabeneltern?

Eins steht fest: Wer den Ausdruck »Rabeneltern« geprägt hat, hatte keine Ahnung (ganz abgesehen davon, dass es ohnehin nicht sinnvoll ist, der Natur Noten zu geben). Raben und ihre nahen Verwandten, die Krähen, kümmern sich genauso vorbildlich um ihre Sprösslinge wie jede andere Vogelart auch. Fallen junge Krähen vorzeitig aus dem Nest, werden sie auf dem Boden von den Eltern weitergefüttert. Katze oder Fuchs, die der vermeintlich leichten Beute zu nahe kommen, müssen mit entschlossenen Angriffen der Eltern rechnen. Jungkrähen werden noch bis 5 Wochen nach dem Ausfliegen von ihren Eltern gefüttert – also dreimal so lang wie die meisten kleineren Singvögel –, und oft bleibt die Familie sogar bis zur nächsten Brutsaison zusammen.

Selbst gegen die eigenen Artgenossen müssen Rabenkrähen ihre Sprösslinge verteidigen: Krähen, die kein Brutrevier ergattern konnten, rotten sich zusammen und bedrängen die Brutpaare »in der Hoffnung«, sie aus ihrem Revier verdrängen zu können. Wenn sich die Gelegenheit bietet, verspeisen solche Angreifer sogar die Eier und Jungen der Revierbesitzer.

▲ Ein Bild wie aus einem Hitchcock-Film: Rabenkrähen im Vollmond auf ihrem Schlafbaum.

◀ So bedauerlich die vielen Verkehrstoten unter den Tieren sind: Rabenkrähen profitieren vom Aas am Straßenrand.

Grau-grindiger Schnabelansatz und ein Gang wie Donald Duck: eindeutig eine Saatkrähe.

Saatkrähe

Corvus frugilegus

Merkmale

- glänzend blauschwarzes Gefieder
- Schnabel spitz zulaufend; Schnabelbasis bei Altvögeln »grindig« und unbefiedert
- struppige Federhosen

Wenn im Herbst riesige Krähenschwärme lautstark in ihre Schlafbäume einfallen, fühlen sich ängstliche Gemüter an Hitchcocks »Vögel« erinnert. Doch Saatkrähen werden nicht einmal Singvögeln gefährlich, und außerdem sind die gewaltigen Schwärme ein vorübergehendes Phänomen: Die Vögel sind Zuwanderer aus Ost- und Nordeuropa, wo sie vor den eisigen Temperaturen ihrer Heimat die Flucht ergriffen haben. In Spitzenjahren können diese Wintergäste unsere Saatkrähen-Bestände auf das 90-fache anschwellen lassen!

Während die ganz großen Brutkolonien in Osteuropa aus bis zu 1000 Nestern bestehen können, gelten bei uns schon 100 Nester als stattliche Brutkolonie. Bis ein Saatkrähen-Nest bezugsfertig ist, vergehen manchmal bis zu 3 Wochen, denn Nachbarn klauen mit Vorliebe Nistmaterial von unbewachten Nestern. Dagegen hilft nur eins: Einer der Partner muss die Baustelle bewachen, während der andere das Material herbeiträgt. Schneller geht der Nestbau vonstatten, wenn das Krähenpaar ein vorjähriges Nest renovieren kann. Eine Saatkrähen-Ehe hält übrigens lebenslang – was massive Flirts der Männchen mit ihren Nachbarinnen allerdings nicht ausschließt.

Saatkrähenjunge haben eine lange Kindheit:

Über einen Monat lang sitzen sie im Nest – doppelt so lang wie die meisten kleineren Singvögel; und auch nach dem Flüggewerden sind sie noch rund 6 Wochen lang in der Obhut ihrer Eltern und werden von ihnen gefüttert. Der Kehlsack der Eltern hat in der Zeit der Kinderpflege die Funktion einer Einkaufstasche: In ihm wird die Verpflegung für die Jungen herangetragen. Solange die Kleinen noch nicht den weißlichen Schnabelgrund der Erwachsenen haben, gelten sie unter anderen Koloniemitgliedern als Kinder und genießen eine gewisse Narrenfreiheit.

Der Schutz der Gruppe

Saatkrähen tun alles gemeinsam: wandern, brüten, schlafen und Futter suchen. Besonders bei der Futtersuche auf Äckern und Grünland bewährt sich der Auftritt in der Gruppe: Die Krähen behalten einander genau im Auge, und wenn einige im Trupp auffallend emsig im Boden herumstochern, schließen die anderen bald zu ihnen auf. Ihr Eifer kann ja wohl nur heißen, dass es hier besonders viele Regenwürmer, Engerlinge, Mäusenester oder Schnakenlarven zu holen gibt.
Leider schätzen Saatkrähen aber nicht nur Insektenlarven und Gewürm jeder Art, sondern auch – wie ihr Name schon sagt – (Saat-)Getreide. Und so passiert es immer wieder, dass sie die Saatreihen entlangwatscheln und mit geradezu pedantischer Gründlichkeit die frisch eingesäten oder keimenden Körner wieder herausstanzen.
Auch anderes Fachwissen macht in der Krähengemeinschaft schnell die Runde: Hat eine Krähe erst mal entdeckt, dass unter aufgehackter Silofolie leckere Silage zu finden ist oder dass man Meisenknödel mit dem Fuß heranziehen und leer fressen kann, macht sich bald der ganze Pulk über Silage oder Meisenknödel her.
Ist Gefahr im Verzug, kann der Schutz der Gemeinschaft sogar Leben retten: Wenn ein Vogel aus der Gruppe Alarm schreit, eilen ihm aus Hunderten von Metern Artgenossen zu Hilfe.

◄ Eine Saatkrähe allein ist unvollkommen. Sie braucht den Schutz des Schwarms, um sich sicher zu fühlen.

▲ Solange die Jungen den befiederten Schnabelgrund der Kinder haben, können sie mit Nachsicht rechnen.

Register

Bibliographische Information der Deutschen Bibliothek

Die Deutsche Bibliothek verzeichnet diese Publikation in der Deutschen Nationalbibliographie; detaillierte bibliographische Daten sind im Internet über http://dnb.ddb.de abrufbar.

BLV Buchverlag Gmbh & Co. KG
80797 München

Bildnachweis:

AKG: 5r
Coppenrath Verlag: 57ul
Danegger: 6u, 18, 23r, 30, 37r, 54, 55ul, 57ol, 77r, 79ur, 84, 85u, 87r, 89l
Giel: 6o, 7ol, 7or, 15o, 15u, 21u, 24, 37l
Groß: 4, 11r, 12o, 14l, 17, 22o, 23l, 26, 27, 33, 48u, 51l, 53u, 55r, 61, 69u, 71l, 71r, 72, 80, 89r, 91u, 91o, 96ur
Hecker: 7u, 19l, 42, 50, 78, 83
Küchle/Pforr: 45r
Limbrunner : 8o, 9u, 10o, 13l, 20, 21l, 25o, 25u, 29u, 43l, 47, 49, 53o, 57r, 59u, 63r, 66, 73l, 90, 96ul
Mestel/Hecker: 2/3, 5ul, 32
Pforr: 9ol, 14r, 16, 22u, 51r, 59o, 65o, 73r, 75l, 77l, 79or, 79l, 81, 85o, 93l
Rogl: 87l
Sauer/Hecker: 9or, 12u, 43r, 45l, 69o, 96ol, 96mr
Thielscher: 28, 34, 44, 55ol, 58, 62, 86, 88, 96or
Wester: 11l
Wothe: 13r, 19r, 31, 38, 41, 56, 60, 64, 65u, 74
Zeininger: 5ol, 8u, 10u, 21r, 35o, 35u, 36, 39, 40, 46, 48o, 52, 63l, 67, 68, 70, 76, 82, 92, 93r

Hintere Klappe/Innenseite links:
Groß: ur, ol; Pforr: or; Thielscher: ul

Hintere Klappe/Innenseite rechts:
Danegger: ol; Hecker: or; Limbrunner: ul; Mestel/Hecker: mr; Schmidt: ur

Hintere Klappe/Außenseite:
Groß: or; Thielscher: mr, ol; Zeininger: ur, ul

Umschlaggestaltung:
fuchs_design, Riemerling

Vorderseite:
Gettyimages/The Image Bank (ol), Thielscher (or), Wothe (ul), Zeininger (ur)
Rückseite: Hecker (l), Pforr (m), Danegger (r)

Lektoratsleitung:
Wilhelm Eisenreich
Lektorat: Dr. Friedrich Kögel
Herstellung: Hermann Maxant

Layoutkonzept Innenteil:
fuchs_design, Riemerling
Layout: Anton Walter, Gundelfingen
Satz: agentur walter, Gundelfingen

Gedruckt auf chlorfrei gebleichtem Papier

Printed in Germany ·
ISBN 3-405-16867-8

Frühling

Ein Augenschmaus in Rot, Schiefergrau, Schwarz und Weiß: Gimpel gehören zu den schönsten Vögeln im Hausgarten.

Manchmal sehen Vogeleier aus wie kleine Edelsteine (hier die vom Gartenrotschwanz). Ganz nahe sollte ein rücksichtsvoller Beobachter allerdings nie an ein Nest herangehen!

Als unfertige, blinde Wesen schlüpfen Singvogeljunge aus den Eiern, doch schon nach wenigen Wochen flattern sie auf eigenen Flügeln durchs Leben (hier Buchfinken).

Ob Starengesang melodisch ist, darüber lässt sich streiten. Auf alle Fälle gehören die Geräuschkompositionen der Stare im Frühjahr zum Abwechslungsreichsten, was Vögel zu bieten haben.

Techtelmechtel unter Feldsperlingen: Männchen und Weibchen sind äußerlich nicht zu unterscheiden.